"1＋X"职业技术·职业资格培训教程

Linux 系统管理员(四级)

主编　李芙澜

编者　李芙澜　张　春　刘思捷　易　琳　乔　咏
　　　李震宁　闫瑞琼　王媛媛

上海交通大学出版社

内 容 提 要

　　本教材介绍了 Linux 操作系统的发展、安装和配置,桌面环境的基本使用等桌面应用技能;讲解了 Linux 的文件和系统、基本命令、vi 编辑器的使用以及如何安装和卸装软件包等基础知识;还介绍了如何在 Linux 上进行日常办公、在 Linux 上进行网络应用:如网页浏览、收发电子邮件、在 Linux 上聊天等应用;最后介绍了如何利用桌面的图形管理工具进行有效的系统配置和管理,为学习 Linux 系统管理课程作了很好的准备。

　　本教材既可作为 Linux 系统管理员职业技能培训与鉴定考核的教材,也可作为广大Linux 爱好者自学的参考书。

图书在版编目(CIP)数据

Linux 系统管理员. 四级 / 李笑澜主编. —上海:
上海交通大学出版社,2006
1 + X 职业技术职业资格培训教程
ISBN 7-313-04378-3

Ⅰ. L… Ⅱ. 李… Ⅲ. Linux 操作系统—技术培训
—教材　Ⅳ. TP316. 89

中国版本图书馆 CIP 数据核字(2006)第 030450 号

Linux 系统管理员

(四级)

李笑澜　主编

上海交通大学出版社出版发行

(上海市番禺路 877 号　邮政编码 200030)

电话:64071208　出版人:张天蔚

上海交大印务有限公司印刷　全国新华书店经销

开本:787mm×1092mm 1/16　印张:10　字数:241 千字

2006 年 5 月第 1 版　2006 年 5 月第 1 次印刷

印数:1～4050

ISBN 7-313-04378-3/TP·643　定价(含 CD-ROM):28.00 元

前　　言

职业资格证书制度的推行,对广大劳动者系统地学习相关职业的知识和技能,提高就业能力、工作能力和职业转换能力有着重要的作用和意义,也为企业合理用工以及劳动者自主择业提供了依据。

随着我国科技进步、产业结构调整以及市场经济的不断发展,特别是加入世界贸易组织以后,各种新兴职业不断涌现,传统职业的知识和技术也愈来愈多地融进当代新知识、新技术、新工艺的内容。为适应新形势的发展,优化劳动力素质,上海市劳动和社会保障局在提升职业标准、完善技能鉴定方面做了积极的探索和尝试,推出了1+X的鉴定考核细目和题库。1+X中的1代表国家职业标准和鉴定题库,X是为适应上海市经济发展的需要,对职业标准和题库进行的提升,包括增加了职业标准未覆盖的职业,也包括对传统职业的知识和技能要求的提高。

上海市职业标准的提升和1+X的鉴定模式,得到了国家劳动和社会保障部领导的肯定。为配合上海市开展的1+X鉴定考核与培训的需要,劳动和社会保障部教材办公室、上海市职业培训指导中心联合组织有关方面的专家、技术人员共同编写了职业技术·职业资格培训系列教材。

职业技术·职业资格培训教材严格按照1+X鉴定考核细目进行编写,教材内容充分反映了当前从事职业活动所需要的最新核心知识与技能,较好地体现了科学性、先进性与超前性。聘请编写1+X鉴定考核细目的专家,以及相关行业的专家参与教材的编审工作,保证了教材与鉴定考核细目和题库的紧密衔接。

职业技术·职业资格培训教材突出了适应职业技能培训的特色,按等级、分模块单元的编写模式,使学员通过学习与培训,不仅能够有助于通过鉴定考核,而且能够有针对性地系统学习,真正掌握本职业的实用技术与操作技能,从而实现我会做什么,而不只是我懂什么。

本教材虽结合上海市对职业标准的提升而开发,适用于上海市职业培训和职业资格鉴定考核,同时,也可为全国其他省市开展新职业、新技术职业培训和鉴定考核提供借鉴或参考。

　　新教材的编写是一项探索性工作,由于时间紧迫,不足之处在所难免,欢迎各使用单位及个人对教材提出宝贵意见和建议,以便教材修订时补充更正。

编 者 的 话

    Linux 作为当今最受瞩目的操作系统之一,凭借其开源的优势,迅猛发展,成为全球增长最快的操作系统,在政府、军队、学校、金融、能源、电信等行业快速推进。一场 Linux 所带来的革命正在席卷全球。在中国,Linux 的发展更为迅速,由于 Linux 的开放理念,中国人拥有了自己的操作系统,涌现出中标普华 Linux、红旗 Linux 等一批优秀的国产操作系统。Linux 产业链的不断完善,政府和企业应用的逐步深入,都为 Linux 的发展带来了前所未有的机遇。

    而中国 Linux 市场高速成长的另一方面,中国 Linux 人才的匮乏日趋突显。无论是系统研究还是行业应用都急需大量人才。越来越多的人开始学习 Linux,对他们来说,Linux 平台可能意味着更新的技术和更好的前途。

    本套教材依据上海 1+X 职业技能鉴定考核大纲、鉴定细目——"Linux 系统管理员"组织编写。配合"Linux 系统管理员"四级、三级、二级的教学工作,本套教材分为三册,从 Linux 系统的"基础应用"到"系统管理"到"网络管理"进行了全面的讲解。本册教材为全套教材的第一册,循序渐进地介绍了 Linux 操作系统的发展、安装和配置,桌面环境的基本使用等桌面应用技能;还讲解了 Linux 的文件和系统、Linux 的基本命令、vi 编辑器的使用以及如何安装和卸载软件包等基础知识,为进一步学习下面的课程打好基础;此外,本教材还介绍了如何在 Linux 上进行日常办公、在 Linux 上进行网络应用:如网页浏览、收发电子邮件、在 Linux 上聊天等应用;最后,还介绍了如何利用桌面的图形管理工具进行有效的系统配置和管理,为进入下面的 Linux 系统管理课程作了很好的铺垫。

    为了更好地将理论知识与具体实践相结合,本教材附 Linux 系统光盘一张,为读者从系统安装到各种系统应用提供一个完整的实验平台,从而有助于知识的掌握和巩固。有兴趣的读者也可以利用这个平台进行进一步的学习和研究。

    本套教材知识系统,内容翔实,更注重实际操作技能,对掌握 Linux 实用技能,有效进行 Linux 系统管理有很大的帮助。

    本教材既可作为 Linux 系统管理员职业技能培训与鉴定考核的教材,也可作为广大 Linux 爱好者自学的参考书。

目　录

第一章 Linux 概述

第一节 什么是 Linux

　　从技术上讲，Linux 是指 Linux 操作系统的内核，其内核版权属于 Linus Torvalds，在 GPL（GNU General Public License，GNU 通用公共许可协议）协议下发行。对于用户来说，通常把这个内核连同之上的诸多工具所组成的操作系统称为 Linux 操作系统。Linux 操作系统是一个开放源代码、协作开发的类 UNIX 操作系统，它可以运行在大多数的硬件平台上，同时提供了广泛的网络支持。

　　过去，人们眼里的 Linux 似乎只是一些黑客们热衷的玩物。然而，随着 Linux 的不断发展与完善，Linux 以其突出的高性能、低成本在各领域迅速推广，成为继 Windows 和 UNIX 的又一主流操作系统，并且以迅雷不及掩耳之势席卷全球，成为全球增长最快的操作系统。越来越多的软硬件厂商开始纷纷支持 Linux，使得 Linux 应用更加成熟。Linux 操作系统正在发展成为可能取代 Windows 和 UNIX 的操作系统。

　　当你第一次步入 Linux 的奇妙世界，面对各种命令、工具，你也许会觉得无所适从。不用紧张，和我们以前学习 DOS 一样，你只需要花费很少的时间就可以入门了，甚至短到可能只需要几个小时。而且，随着 Linux 图形界面的加入，Linux 变得更加友好，界面风格和许多操作方法都与 MS Windows 很相似，让你感到似曾相识。

第二节 Linux 的发展历史

　　说起 Linux 就不能不提到 UNIX，UNIX 自 1969 年问世以来，迅速推广，不仅成为高档微机、工作站、小型机的主流操作系统，而且已经进入中、大型计算机领域，成为高端应用的主流操作系统。早期的 UNIX 都是各大软件公司的商品化软件产品,价格非常昂贵,这从一定程度上限制了 UNIX 的发展。为使更多的用户能够得益于 UNIX 强大的功能,许多可以自由使用、自由传播的 UNIX 应运而生,其中之一就是 Minix。

因为涉及版权问题,UNIX 的源码不适于教学。为此,1987 年,著名的荷兰计算机科学家 Andrew Tanenbaum 编写了一个简化的类 UNIX 系统——Minix 作为教学工具,Minix 的意思为 mini-Unix,它虽然不完全具备 UNIX 的许多特征,但是它很小巧,更重要的是你可以获得它的源代码,很适于学生学习操作系统的工作原理,因此倍受青睐。但它终究只是一个教学工具,不是很切合实用。于是,还在芬兰赫尔辛基大学就读的学生 Linus Torvalds 在研究 Minix 的过程中得到灵感,创造了 Linux,从而开创了一段传奇的历史。

1990 年,Linus Torvalds 在赫尔辛基大学学习操作系统课程,课程提供了 Minix 作为学习系统。但是 Minix 的功能很有限,于是 Linus 开始尝试自己编写一个类似 Minix 的系统。1991 年 8 月 25 日,Linus 在 Minix 新闻组发出了历史性的一帖:"Hello,各位使用 minix 的朋友,我正在写一个基于 386(486)AT 的(自由)操作系统(只是出于爱好,不会做得像 gnu 那么大、那么专业)……";1991 年 9 月中旬,Linux 0.01 版问世了,并且被放到了网上。它立即引起了人们的注意。源代码被下载、测试、修改,最终被反馈给 Linus。1991 年 10 月 5 日,0.02 版出来了……不久,Linux 的源代码就通过在芬兰和其他一些地方的 FTP 站点传遍了全世界。

Linux 的发行采用了 GNU GPL 协议,这使得任何人都可以自由获得它的源代码,可以对它进行研究、修改、自由复制和分发。GPL 对于 Linux 的成功起到了很大作用,成千上万的开发者加入了 Linux 的开发行列,并将任何基于源代码的修改都详尽地反馈给社区,Linux 的代码开发进入了良性循环。随着 Linux 版本的不断升级,配合 GNU 项目开发出的众多软件,Linux 终于走向市场,并成长为最先进和最稳定的操作系统。

第三节　Linux 都有哪些版本

这里,我们所讨论的版本是指 Linux 的发行版本。所谓发行版本是指包含了系统内核、应用软件、文档、安装界面、系统设定、管理工具等集合成一体的发行套件。发行版制造商为其各自的发行版本添加新功能,加入增值改进,并进行严格测试,以确保其版本的稳定性;同时,发行商还为其 Linux 发行版本提供技术支持和升级等增值服务,从而形成了繁荣的 Linux 商业市场。

1. Red Hat

Red Hat 是目前最为流行的 Linux 发行版。它支持的硬件平台多,安装界面友好,安全性能好,具有使用方便的系统管理工具和丰富的软件包,连同其提供的一系列技术支持和服务,受到用户的广泛认同。而 Red Hat 始终对开源的忠诚,也使其得到了 Linux 业界的尊敬。

2. Fedora

Red Hat 自 9.0 版本以后,就不再发布桌面版本了,而是把这个项目与开源社区合作,于是就有了 Fedora 这个 Linux 发行版。因此,Fedora 可以说是 Red Hat 桌面版本的延续,并且同样拥有优秀的品质。

3. Mandriva

Mandriva 原名 Mandrake，Mandrake 的诞生是为了提供"一个更好的 Red Hat"。Mandrake 基于 Red Hat 进行开发，并在易用性方面作了很多改进，是欧洲甚为流行的发行版本。

4. Slackware

Slackware 是最早出现的 Linux 发行版本，较适合有经验的 Linux 用户，对于那些想要深入研究系统，并希望安装和编译自己的软件的人来说是最好不过的。它的追随者们常宣称："当你了解了 Slackware，你就了解了 Linux"。

5. SuSE

起源于德国的 SuSE，在欧洲广受欢迎，现为 Novell 公司旗下的业务。SuSE 一直致力于创建一个连接数据库的最佳 Linux 版本，加强多平台的支持，被很多独立软件开发商用作开发平台。

6. Debian

Debian 全称 Debian GNU/Linux，其目标是提供一个稳定容错的 Linux 版本。支持 Debian 的不是某家公司而是一个致力于自由软件开发并宣扬自由软件基金会理念的自愿者组织。Debian 是真正的非商业化，由社区推动的主流发行版本。

7. Ubuntu

Ubuntu 是一个完全的桌面 Linux 操作系统，基于 Debian 发行版。Ubuntu 是一个古非洲语单词，意思是"乐于分享"。与 Debian 的不同，Ubuntu 每 6 个月就有一次发布，每次版本发布后提供支持 18 个月。Ubuntu 致力于为用户提供一个最新的、稳定的只使用自由软件的操作系统。优秀的性能和班图精神使得诞生不久的 Ubuntu Linux 人气飙升。

8. NeoShine

NeoShine Linux 即中标普华 Linux，前身是 Cosix Linux（中软 Linux），是中国发展最早的 Linux 之一。NeoShine 得到包括 SUN、Novell 在内的大批国内外优秀企业核心技术的加盟，在产品性能及支持服务各方面都很出众，在中国有着非常广泛的用户群体。

9. Red Flag

Red Flag 即红旗 Linux。Red Flag 也是中国老牌的 Linux 版本，在针对中国市场的本地化方面作了许多改进。

此外，全世界还有数以百计的发行版本，在此不再列出。各个版本都有自己的特点，你可以根据你的区域、业务需求进行选择。

第四节　小　　结

在本章中，我们了解了什么是 Linux 以及它那带有传奇色彩的面世经历和各种丰富的发行版本。现在，你是不是对 Linux 更加感兴趣了？在下面的章节中，我们将一起步入 Linux 这个神奇的世界。

第二章　安装和配置

现在,大多数的 Linux 发行版本都提供了图形安装界面,安装过程也更为简单明了,并且安装程序能够自动完成大部分配制,这使得 Linux 的安装变得轻松容易。不过,在进行 Linux 安装之前,应该首先检查一下安装机器的硬件配置,并作相应的准备。之后,你就可以一步一步着手安装了。

第一节　检查硬件要求

了解硬件对于 Linux 的成功安装十分必要,因此需要花费一些时间来熟悉一下自己的硬件设备。准备回答下列问题。

(1) 你有几个硬盘?

(2) 每个硬盘的大小是多少(是 1.8 G 吗)?

(3) 如果有多个硬盘,哪个是主盘?

(4) 有多少内存?

(5) 如果有光盘驱动器,是什么类型的接口?

(6) 你有 SCSI 适配器吗? 如果有,厂商是谁? 型号是什么?

(7) 鼠标是什么类型?

(8) 有多少个按钮?

(9) 如果有一个串行鼠标,它接在哪个 COM 端口?

(10) 显卡的厂商和型号是什么? 有多少显存?

(11) 你有什么类型的显示器?

(12) 打算连接网络吗? 如果打算,下列参数是什么:网卡芯片、IP 地址、网络掩码、网关地址、域名服务器的 IP 地址、你的域名、你的主机名。

（13）在此机器上还运行其他操作系统吗？

（14）如果还运行其他系统，它是什么？是 Windows NT，还是 Windows 2000，Windows XP？

第二节　准备安装

一、硬盘空间的准备

安装 Linux 桌面至少需要 1.8 G 硬盘空间。用户必须为此准备足够的硬盘空间，并且把它与计算机上其他操作系统（如 Windows、OS/2 或其他版本的 Linux）使用的硬盘空间区分开。

一块硬盘可以划分成多个分区，各分区相互独立，访问每个分区就像访问不同的硬盘一样简单。通常，Linux 分区使用 ext3 格式的文件系统，关于文件系统，我们将在稍后的"文件和系统"一章中进行详细介绍。

安装 Linux 桌面至少需要两个硬盘分区：一个 Linux Native 类型分区（/）和一个 Linux Swap 类型分区。

Linux 通过字母和数字的组合来标识硬盘分区，如 hda3、sda、hdb 等。标识中的前两个字母表明此分区所在硬盘的类型；标识中的第三个字母表明此分区在哪块硬盘上。例如，hda 指第一块 IDE 硬盘，hdb 指第二块 IDE 硬盘，sdc 指第三块 SCSI 硬盘等。

二、如何安装 Linux 桌面

1. CD－ROM 安装

将安装光盘插入你的光盘驱动器，然后将 BIOS 设为从光盘引导，重新启动计算机，你就可以开始安装 Linux 桌面系统了！

如果你的 BIOS 不支持从光盘引导，你还可以制作一张 Linux 桌面安装启动软盘，然后将 BIOS 设为从软盘引导，重新启动计算机，就可以进入 Linux 桌面版系统安装过程。软盘成功引导安装程序后，引导装载程序屏幕中提示从 Local CD-ROM（**本地光盘**）安装，将安装光盘插入光盘驱动器，一旦光盘已经在驱动器中，选择 OK，然后按回车键继续，如图 2-1 所示。

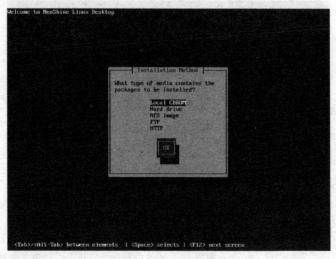

图 2-1　安装方式

2. 硬盘安装

如果没有 Linux 桌面的安装光盘,也可以将光盘的 ISO 映像下载或拷贝到本地硬盘驱动器中,执行硬盘安装。

硬盘安装需要使用 ISO 映像文件,首先把 Linux 桌面的 ISO 映像文件存放到本地硬盘中的某个位置。软盘成功引导后,需要为安装程序指定 ISO 映像所在目录的位置,如图 2－2 所示。

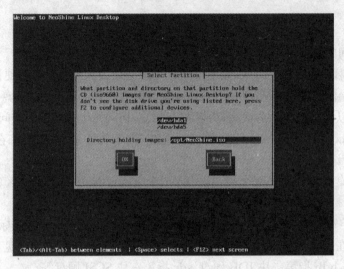

图 2－2　硬盘安装

在 Select Partition(**选择分区**)界面中指定包含 ISO 映像的分区设备名。如果 ISO 映像不在该分区的根目录中,则需要在 Directory holding images(**包含映像的目录**) 中输入映像文件所在的路径。例如,ISO 映像在/dev/hda1 中的/opt 目录中,则输入/opt/NeoShine.iso。

注意:如果要将 ISO 映像文件存放在硬盘的 Windows 分区中,请确保该分区的文件系统是 fat16 或 fat32 格式!

3. NFS image 安装

如果你希望通过网络安装 Linux 桌面,那么请采用 NFS 安装方式,如图 2－3 所示。

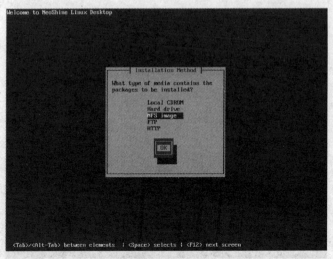

图 2－3　NFS 安装

首先在一台支持 ISO-9660 文件系统的 NFS 服务器上建立一个空目录,然后将 Linux 桌面安装光盘的内容 mount 或拷贝到该目录下。当然,应该保证你能通过域名服务器或 IP 地址访问到 NFS 服务器下的这个目录。最后,使用 NFS 安装启动盘开始安装 Linux 桌面系统。

三、如何启动安装程序

1. 光盘启动安装

一般情况下,你只需要将计算机的 BIOS 设置为光驱引导,然后插入 Linux 桌面安装光盘即可启动安装程序进行安装了。

2. 如何做启动软盘

如果你不能从光驱引导,那么你就需要制作一张启动软盘,过程如下:

(1) 在 Linux 系统下创建启动软盘。将 Linux 桌面安装光盘插入光驱,将空白软盘插入软驱,就可以着手做你需要的安装启动软盘了。

制作安装启动软盘:

♯ mount/dev/cdrom mnt/cdrom

♯ cd/mnt/cdrom/images

♯ dd if=diskboot. img of=/dev/fd0 bs=1k

(2) 在 DOS 或 Windows 系统下创建启动软盘。进入 DOS 环境,将 Linux 桌面版安装光盘插入光驱(假设光驱设为 E:盘),然后插入格式化过的软盘,执行以下命令:

C:\> E:

E:\> cd \dosutils

E:\dosutils> rawrite

Enter disk image source file name:**e:\images\diskboot. img**

Enter target diskette drive:**a:**

Please insert a formatted diskette into drive A: and press--ENTER--:

E:\dosutils>

其中黑体字是要求用户输入的。光盘安装使用 e:\images\diskboot. img 文件;支持 PCMCIA 卡的安装使用 e:\images\pcmcia. img 文件。

3. 驱动盘的制作

如果你的系统里有某些 Linux 无法识别的硬件,例如 SCSI 卡,RAID 卡或某些网卡,那么在安装之前,你需要准备好这些设备的驱动软盘。例如:

♯ mount/dev/cdrom mnt/cdrom

♯ cd/mnt/cdrom/images

♯ dd if=drvnet. img of=/dev/fd0 bs=1k 对于网卡的驱动程序。

♯ dd if=drvblock. img of=/dev/fd0 bs=1k 对于 SCSI 设备和 USB 设备的驱动程序。

第三节 执行安装

本节将以中标普化 Linux 桌面版为例,介绍 Linux 桌面的图形化安装过程。中标普华 Linux 桌面版提供了最直观、易用的中文图形化安装方式。这也是系统缺省使用的安装方式。

一、开始安装

启动中标普华 Linux 桌面安装程序后,首先出现的是中标普华 Linux 桌面安装程序功能的选择界面(见图 2-4),其中包括的选项有:

图 2-4 图形化安装功能选择界面

(1) **图形模式安装**——直接进入图形化安装过程。

(2) **字符模式安装**——进入字符安装过程。

(3) **系统修复模式**——系统拯救模式。

(4) **加载驱动程序**——在安装中利用驱动软盘为某些特殊情况或硬件设备(如网卡等)提供支持。

(5) **安装方式选择**——进入安装方式选择界面,有图形安装方式和文字安装方式。默认是图形安装方式。

(6) **引导已有中标普华 Linux**——输入中标普华 Linux 的启动引导参数:当你的系统引导出现某些问题,而文件系统并没有被破坏时,为了顺利启动你的系统,请在界面上下部的"引导参数"一栏中输入你需要引导的文件系统的目录,例如:

root=/dev/hda5 或者 root=/dev/sda1,其中"hda5 或 sda1"是你的文件系统所在磁盘或分区的设备名,这要根据你的计算机的实际情况而确定。

(7) **内存测试**——进入内存测试程序。

二、安装启动界面

选择默认的**"图形模式安装"**选项,按回车键进入中文图形安装环境。你将看到如图 2-5 所示的安装引导画面,没有单调的字符信息显示,它将提供给用户友好的交互界面。如果你的计算机由于某种原因(如未能正确识别显卡)而不能进入图形安装环境,中标普华 Linux 桌面安装系统会自动切入字符安装环境。接下来,进入"许可协议确认"界面,如图 2-6 所示。阅读完上面的文字说明,选择"接受产品许可协议",然后点击"**下一步**"按钮进行安装。

图 2-5 安装启动界面

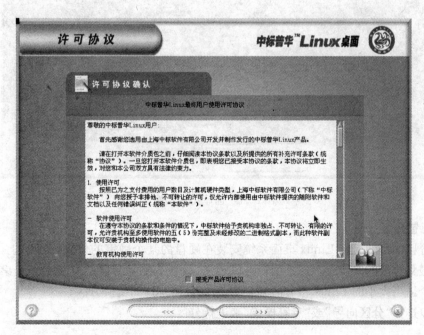

图 2-6 用户使用许可协议

三、选择安装类型

安装类型包括："**典型安装(推荐)**"、"**自定义安装**"和"**恢复系统引导**"。如果你要全新安装系统，请选择"**典型安装**"和"**自定义安装**"。如果你要修改引导配置，请选择"**恢复系统引导**"选项。

用户如果选择的是"**典型安装**"，将安装一个包含最常用的网络工具、系统管理工具和中文处理工具等多种实用软件的图形化窗口桌面环境系统，建议大多数用户使用。

如果选择的是"**自定义安装**"，将提供更好的灵活性，可以选择需要安装的软件包组，对系统安装的软件包有更好的控制。在安装配置完成以后，将会提示用户选择需要安装的组件，如果你要进行完全安装，你可以全选所有组件，也可以根据自己的习惯和喜好选择部分组件进行自定义安装。除非你具有 Linux 使用经验，否则最好选择"典型安装"。

如果用户选择"**恢复系统引导**"，则可以根据提示进行 Linux 桌面的系统引导恢复，如图2-7所示。

"**上一步**"可以不保存地返回到安装的上一个界面进行修改。"**下一步**"保存信息继续安装。"**退出**"将中断安装程序。

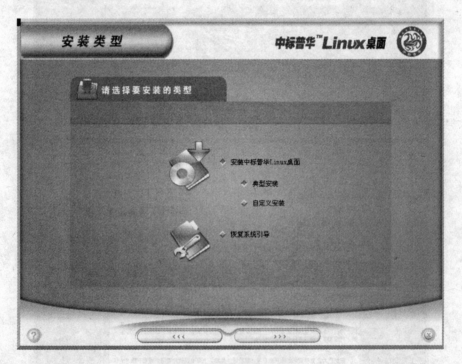

图 2-7　选择安装类型

四、配置分区

配置分区的目的是将 Linux 桌面系统安装在硬盘的某个确定的位置(分区)上，即定义一个或多个磁盘分区的安装点。这里用户可以添加、设置或删除分区。安装 Linux 桌面系统至少需要一个适当大小的 Linux 根分区和一个不小于 16 MB 的交换分区。

你可以选择"**分区向导**"或"**专家模式**"来进行分区。

1. 分区向导

"分区向导" 作为中标普华 Linux 桌面版的缺省分区工具，主要面向没有 Linux 下分区经验的普通用户，它将帮助用户轻松地建立安装 Linux 桌面系统所需要的磁盘分区，如图 2-8 所示。

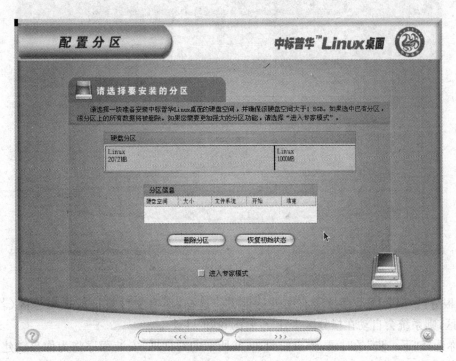

图 2-8　分区向导

（1）**选择硬盘**。如果存在多块硬盘，请选择其中的一块硬盘。在后面的步骤中，对分区的操作都将在该硬盘上进行。

（2）**选择硬盘空间**。在建立分区之前，需要足够大的硬盘空间，中标普华 Linux 桌面系统至少需要 1.6 GB 的硬盘空间。你需要选择一块硬盘空间，可以是一块空闲空间，也可以是一块已有分区。对已经存在的空间，安装程序将删除上面的所有数据。当你选择好硬盘空间后，单击 **"下一步"** 按钮，安装程序将自动建立新分区。你可以使用 **"删除分区"** 按钮删除掉几个已有分区来获得一块较大的硬盘空间。如果不满意，可以单击 **"恢复初始状态"** 按钮恢复到该硬盘初始的分区状态。如果你需要更加强大的分区功能，请选择 **"进入专家模式"**。

（3）**自动建立新分区**。安装向导在选定的硬盘空间上会自动建立系统需要的新分区和文件系统。缺省情况下，会在整个空闲空间上自动建立一个根分区和一个交换分区。如果系统中已经存在交换分区，则只建立根分区。根分区缺省使用 ext3 文件系统，交换分区的大小是内存大小的 2 倍。如果你对根分区的大小和文件系统不满意，请单击 **"高级"** 按钮，在弹出的对话框里进行修改。单击 **"确定"** 按钮后，安装向导会按照你的新配置重新自动建立新分区，如图 2-9 所示。

① 交换分区（swap 分区）：交换分区是用来支持虚拟内存的，交换分区至少要和物理内存一样大小；通常选用物理内存的 2 倍。

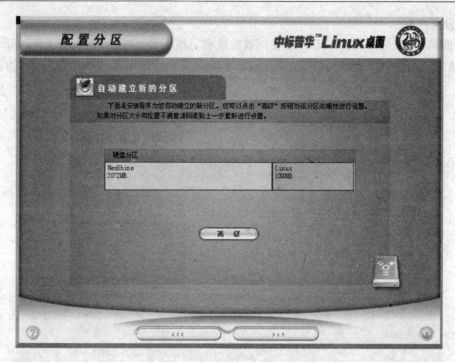

图 2-9　自动建立新分区

② 根分区:根分区是存放所有文件的地方。这样,所有文件将被放在根分区(若不建/boot 分区,则系统会自动在根分区中建立一个/boot 目录)。

当你选择"下一步"的时候,弹出如图 2-9 所示的对话框,安装程序将为你自动建立新分区。单击"**高级**"按钮,弹出如图 2-10 所示的"**新建分区属性**"对话框,你可以设置"**挂载点**"、"**文件系统**"和"**大小**"。

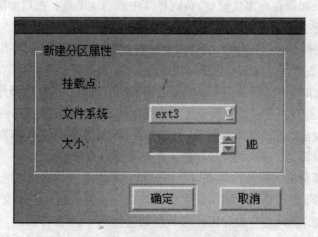

图 2-10　"新建分区属性"对话框

2. 专家模式

"**专家模式**"适用于有经验的 Linux 用户,你可以按照自己的习惯来进行分区。在"选择硬盘空间"的界面中选中屏幕下方的"**进入专家模式**"复选框,然后单击"**下一步**"按钮,进入"专家模式"分区界面,如图 2-11 所示。

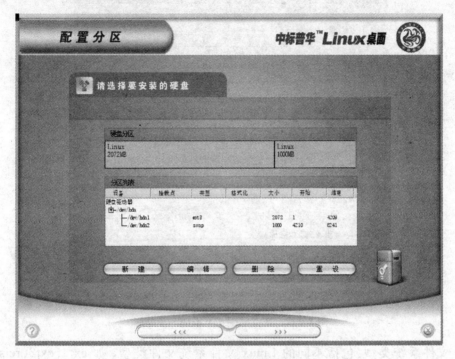

图 2-11 "专家模式"分区界面

图中的分区列表内容为:

设备:显示硬盘的名字。

挂载点:该分区将被挂载的目录名。

类型:该分区文件系统的类型。

格式化:是否格式化该分区。

大小:该分区的大小,单位为 MB。

开始:该分区开始扇区。

结束:该分区结束扇区。

图中的按钮为:

新建按钮:用来新建一个分区。当选择此按钮时,就会出现一个对话框,要求填写安装点、大小、分区类型等内容。

编辑按钮:用来修改一个分区的属性。首先在"分区"栏加亮选择要修改的分区,选择此按钮,出现一个对话框,其中有些内容会因分区信息是否已写入磁盘而有所不同。

删除按钮:用来删除一个分区。在"分区"栏加亮选择要删除的分区。选择此按钮,会要求确认操作。

重设按钮:用来恢复磁盘修改的分区。选择此按钮之前的所有分区操作将被取消。

1) 添加分区

按"新建"按钮,出现一个如图 2-12 所示的对话框。对话框中的选项如下:

(1) **挂载点**:选中相关分区,选择或输入安装点。例如:要设为根分区,选择/。

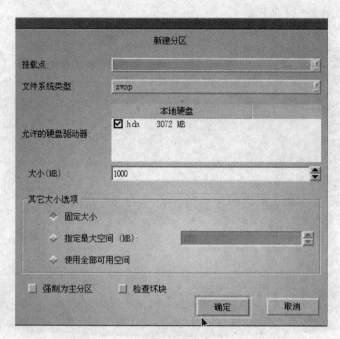

图 2-12 在专家模式下添加一个分区

(2) **文件系统类型**：包括不同的 Linux 文件系统文件类型，如 ext3、ext2、reiserfs 和 swap。默认是选择安装 ext3 文件系统。

(3) **允许的硬盘驱动器**：一个允许的设备列表，选择的硬盘才是当前正在分区的硬盘，非选择的硬盘是不能在其上分区的。通过选择不同的可选项，可以按你的意愿来分区。

(4) **大小**：要建立的文件系统的大小，单位为 MB，缺省为 100 MB。

(5) **其他大小选项**：

① **固定大小**：使用"大小"输入框中输入的分区"大小"。

② **指定最大空间（MB）**：指定该分区最大占用的空间。如果超过了硬盘上最大可用空间，则占用最大可用空间。

③ **使用全部可用空间**：使用硬盘上最大可用空间。

(6) **强制为主分区**：强制新建分区为主分区。

(7) **检查坏块**：在建立新分区的时候将检查该分区上是否存在坏块。

(8) **确定**：以上各步骤完毕后，选择此按钮或按回车键确认创建分区。

(9) **取消**：按此按钮取消创建分区。

2）编辑分区。编辑某个分区时请双击该分区或选中相应分区，然后单击"**编辑**"按钮。对已存在的分区，用户可以改变其挂载点和文件系统；对新建立的分区，用户可以改变该分区的所有信息，如图 2-13 所示。

3）删除分区

在"**分区**"栏选中要删除的分区，单击"**删除**"按钮，确认后即可。

4）重设

恢复硬盘到最初状态。

编辑分区：/dev/hda1

挂载点：　　　　　　/

文件系统类型：　　　ext3

　　　　　　　　　　　　　　本地硬盘

允许的硬盘驱动器：　☑ hda　　3072 MB

大小(MB)：　　　　　100

其它大小选项
◇ 固定大小
◇ 指定最大空间(MB)：
◇ 使用全部可用空间

☐ 强制为主分区　　☐ 检查坏块

确定　　　取消

图 2-13　在专家模式下编辑一个分区

五、安装引导管理器

要启动 Linux 桌面系统,通常需要安装引导管理器,如图 2-14 所示。图中的**"添加"**按钮可以添加引导装载程序菜单中显示的标签;**"编辑"**按钮可以修改引导装载程序菜单中显示的标签;**"删除"**按钮可以删除引导装载程序菜单中显示的标签。

图 2-14　安装引导管理器

1. 主引导记录 MBR

MBR 是硬盘上一处特别的区域,它是被 BIOS 自动引导的地方,也是引导管理器取得引导控制的地方。

如果用户只安装 Linux 桌面一种操作系统,则必须将引导器安装在 MBR;如果你的计算机上已经安装了其他操作系统,例如 Windows,那么建议将引导管理器安装在 MBR 上,以便能够引导多个操作系统。

2. 本分区的第一个扇区

如果已经安装了其他系统引导管理器(如 OS/2 引导管理器),推荐将 Linux 引导管理器安装在本分区的第一个扇区。这种情况下,其他引导管理器将会取得引导控制权,你可以通过配置其他引导管理器来引导 Linux 桌面系统。

在"引导卷标"栏,用户可以自己增加、修改可引导分区的引导标签。中标普华 Linux 桌面版系统引导文件所在的分区将使用**NeoShine** 作为默认引导卷标。当然,你也可以按需要进行修改。

3. 其他引导系统的方法

除了用 Linux 引导器启动中标普华 Linux 桌面版系统,还可以用以下方法来启动:

(1)光盘。插入中标普华 Linux 桌面版的安装光盘,启动计算机,根据提示输入:**system root**〓"**中标普华 Linux 桌面版所在分区**",即可启动系统。

(2)启动盘。你可以在安装完成后选择创建启动软盘。使用启动软盘引导中标普华 Linux 桌面版系统。

(3)其他一些商业的引导管理程序。如 System Commander 和 Partition Magic 可以启动 Linux,前提是仍需要将引导器安装在根分区的首扇区。

六、账号设置

如图 2-15 所示,"设置根用户口令"屏幕允许设置你的根用户口令。

图 2-15 "设置根用户口令"屏幕

设置根口令。为了系统的安全起见,根密码最好不少于六个字符。用户需要输入两次密码,而且两次密码必须一致。用户设置的密码应该是既便于记忆,又不易被他人获取的字符串。请牢记你的密码,并把它保存在安全的地方。另外,请注意 root 用户有访问整个系统的权限。正是由于这个原因,可以作为超级用户登录来维护和管理系统。

七、选择要安装的组件

如果你选择的是自定义安装,那么会出现如图 2-16 所示的界面,你可以选择你希望安装的组件。如果你希望安装所有的组件,请在所有组件前面的方格打钩。

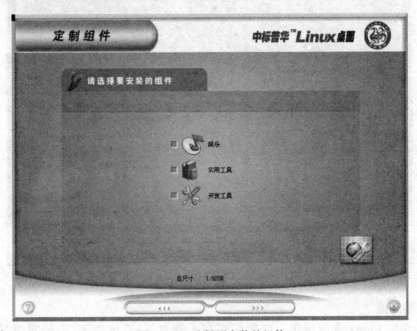

图 2-16　选择要安装的组件

八、确认安装

显示如图 2-17 所示的**"安装确认"**屏幕。

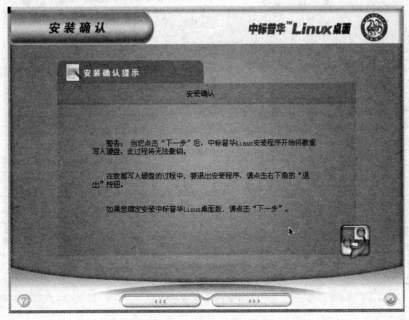

图 2-17　确认安装

单击"下一步"按钮,系统将开始安装软件包。在软件包的安装过程中,屏幕上会有一个直观的进度条以显示安装过程,并且会介绍中标软件的产品,如图 2-18 所示。

图 2-18　软件包安装过程

九、安装完成

在中标普华 Linux 桌面版将全部数据都写入硬盘后,系统进入"**安装完成**"屏幕(见图 2-19),安装程序将提示你准备重新引导系统。用光盘安装的将自动弹出光盘。

图 2-19　安装完成

在"**安装完成**"屏幕单击"**重新启动**"按钮,中标普华 Linux 桌面版安装完成! 光盘会自动弹出。

十、恢复系统引导

当你的 Linux 桌面无法正常引导的时候,你可以使用系统引导恢复功能恢复你的 Linux 桌面的引导。比如你在安装了 Linux 桌面后,又安装了其他系统,这样你将无法正常引导 Linux 桌面,使用本功能后将能帮助你顺利地恢复系统的引导程序。

首先,安装程序将为你检查已经安装的中标普华 Linux 桌面版,你将看到如图 2-20 所示的屏幕。

图 2-20　系统检查

如果你装有多个 Linux 桌面,你将会看到相应的选择框。选择你希望恢复引导的系统后,单击"**下一步**"按钮,你将进入"**引导配置**"界面,如图 2-21 所示。

选择"**对原有的引导装载程序进行更新**"这一选项,将保留你目前的中标普华 Linux 桌面版系统引导装载程序配置文件,然后再应用更新。

如果你想为你的系统创建一个新的引导装载程序,请选择"**创建新的引导装载程序**"这一选项。

当你完成对引导器配置后,单击"**下一步**"按钮,你将进入"**引导恢复确认**"界面,有关引导配置的相关帮助,请你参考本章第三节第 5 小节。

单击"**下一步**"按钮,系统将开始进行引导恢复。引导恢复完成后,你将进入"**祝贺**"屏幕,单击"**完成**"按钮,系统引导恢复过程完成,系统将重新启动。

图 2-21 引导配置

第四节 小 结

通过本章的学习和安装后,你应该有一个正在运行的 Linux 系统了。注意利用具有最新使用工具和库的版本来不断更新系统,以确保与大多数为 Linux 开发的新的应用程序的兼容性,并保持系统的高效运行。

第三章 桌面环境

Linux 提供了易学易用的图形用户接口（GUI），即使只使用鼠标也可以完成绝大部分的操作。这使得 Linux 的使用门槛大大降低。目前，Linux 下的图形环境主要有 KDE 和 Gnome 两种。

为了给 Linux 提供一个开放源代码的图形用户接口和开发环境，自由软件社区开发了 KDE（K Desktop Environment 桌面环境）项目。该项目取得了巨大成功，KDE 一度成为许多 Linux 发行版的桌面环境。但是，KDE 是基于 QT 库的。QT 最初并不遵从 GPL 协议。所以，将 KDE 建立在 QT 之上是一件危险的事，它将依赖开发 QT 库的公司。因此，开始了 Gnome（GNU Network Object Model Environment，GNU 网络对象模型环境）开发计划。Gnome 的发展很快，已成为一个强劲的 GUI 应用程序开发框架，可以在任何一种 UNIX 系统下运行。Gnome 使用的图形库是 Gtk＋构件库，它是基于 LGPL 协议的。Gnome 的界面与 KDE 的界面类似，熟悉 KDE 的用户无需学习就能够使用 Gnome。所以，Gnome 现在已经成为大多数 Linux 发行本的首选桌面环境。

第一节 桌面元素

系统使用 GNOME 桌面支持，使你可以高效地同你每天使用的应用程序和文档进行交互。GNOME 桌面的最重要的软件组件有：

（1）资源管理器：显示文件和文件夹；管理文件和文件夹；运行脚本；定制文件和文件夹；打开 URL。

（2）面板：包含应用程序的启动器、系统菜单、面板抽屉及小程序。

（3）窗口管理器：使你可以管理应用程序窗口和对话框。

（4）应用程序：范围广泛、功能完备的应用程序，这些应用程序使你可以执行所有日常工作活动。

（5）回收站：可将删除的文件放进回收站。

（6）帮助：包含了有关应用程序的详细的帮助文件。

如图 3-1 所示，单击左下角的"启动"菜单，选择应用程序。

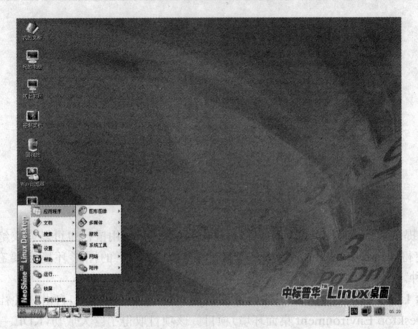

图 3-1　应用程序菜单

表 3-1 列出了中标普华 Linux 桌面所包含的主要 GNOME 桌面应用程序。

表 3-1　GNOME 桌面主要的应用程序

类　别	应用程序	说　明
网　络	聊天工具	聊天工具 GIM
	X 下载工具	X 下载工具支持 HTTP、FTP 等多种协议，并且能够支持断点续传功能。X 下载工具可以同时启动多个进程进行下载
	文本传输工具	gFTP 工具
	Web 浏览器	浏览器支持 flash、Java Applet、JavaScript，使网页的显示更生动和丰富，具有显示动画功能
	电子邮件和日历	使你可以使用电子邮件和日历
	视频会议	远程视频会议工具 GnomeMeeting
图形图像	PDF 阅读器	使你可以查看可移植文档格式（PDF）的文件
	PS 查看器	使你可以查看 PostScript 格式的文件
	图像处理	GIMP 是 GNU 图像处理程序，使你可以进行图像的修改润色、合成和创建

（续表）

类　　别	应用程序	说　　　　明
图形图像	图像浏览	GNOME 环境下的图像浏览器
	扫描仪	图像扫描工具
	抓图工具	屏幕图像抓取工具
多 媒 体	CD 播放机	使你可以在计算机上播放音频光盘
	MP3 播放器	播放 MP3
	媒体播放器	Gxine 电影播放器
	录音机	使你可以录制和播放波形（.wav）声音文件。
系统工具	刻录工具	创建音频 CD 项目、创建数据 CD 项目、复制 CD、刻录 CD ISO 映像
	归档管理器	使你可以创建、查看、修改归档文件或将归档文件拆包
	系统监视器	使你可以监视系统进程和系统资源的使用情况
	终端	使你可以在 GNOME 环境中访问 UNIX Shell
	字符映射表	使你可以从字符表中选择字符，然后将选定字符组合到包含标准字符的文本字符串中
附　　件	文本编辑器	一个简单的文本编辑器，使你可以创建和编辑文本文件
	星际译王	使你可以实现中英文的互译和词典功能
	计算器	简单的数学和科学计算器，包括算术函数、三角函数和对数函数
游　　戏		各种各样好玩的小游戏

第二节　桌面配置

　　你可以根据你的喜好更改桌面背景的模式和颜色。资源管理器包括可用于更改桌面背景外观和风格的背景模式和颜色。

　　你可以在桌面上单击右键选择"属性"选项来进行"显示属性"的配置；或者，你也可以选择"控制面板"中的"观感"选项来进行详细设置。

第三节　在桌面上工作

　　在桌面环境中，单个程序不再占用全部资源，可同时运行多个程序，分别以窗口的形式占用一定的屏幕空间。要操作的对象及其可用操作都以图标、按钮、菜单等可视方式出现，而操作过程则成了在既有选项中进行选择，降低了操作难度，也更加方便快捷。鼠标也因此成为最有用的工具之一。

一、对桌面对象的操作

1. 选择桌面对象

要选择桌面上的某个对象，请单击该对象。要选择多个对象，按住 Ctrl 键，然后单击要选择的多个对象即可。

你也可以选择桌面上的一个区域，从而选择该区域中的所有对象。在桌面上按住鼠标左键，然后拖过包含要选择的对象的区域。当你按住鼠标键然后拖动时，会有一个矩形标记出你选择的区域。要选择多个区域，也可以按住 Ctrl 键，然后拖动选择多个区域。

2. 从桌面打开一个对象

要从桌面打开一个对象，请双击该对象，或者右击该对象，然后选择"**打开**"选项。在打开对象时，系统会对该对象执行默认操作。例如，如果该对象是一个文本文件，那么系统就会在资源管理器窗口中打开该文本文件。文件类型的默认操作会在"**文件关联**"首选项工具中加以指定。

要对某个对象执行非默认的操作，请右击该对象，然后在"**打开方式**"子菜单中选择一个操作。"**打开方式**"子菜单中的各项与"**文件类型和相关程序**"首选项工具以下部分的内容相对应：

(1)"**编辑文件类型**"对话框中的"**默认动作**"下拉列表。

(2)"**编辑文件类型**"对话框中的"**查看器组件**"下拉列表。

可以在资源管理器窗口中将首选项设置为只需单击文件即可执行默认操作。

3. 向桌面上添加启动器

桌面启动器可以启动应用程序，也可以链接到某个特定的文件、文件夹、FTP 站点或 URL 位置。

要在桌面上添加启动器，请执行以下步骤：

(1) 在桌面上右击，然后选择"**创建启动器**"选项，即可显示"**创建启动器**"对话框的"**基本**"选项卡，如图 3-2 所示。

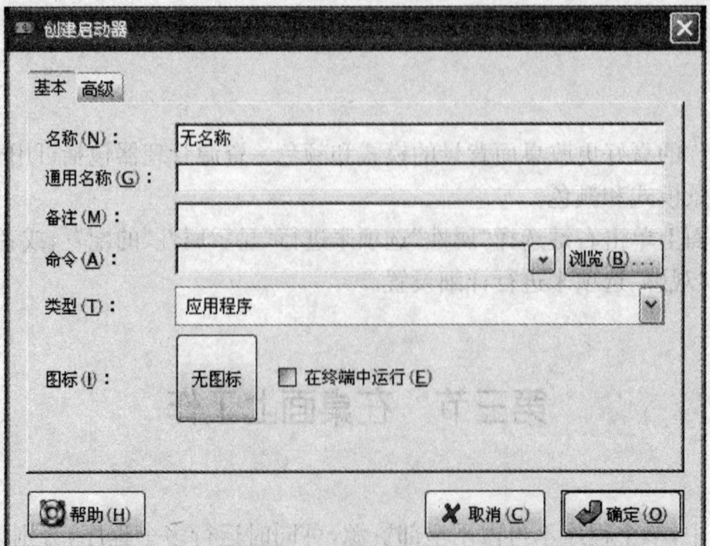

图 3-2　创建启动器基本对话框

（2）在"**创建启动器**"对话框中输入启动器属性信息，并为启动器选择合适的图标。表3-2介绍了"**基本**"选项卡部分上的对话框元素。

表3-2 "基本"选项卡部分上的对话框元素

对话框元素	说　明
名　称	使用此文本框可以指定启动器的名称。你可以使用"**高级**"选项卡来添加名称的翻译。该名称就是将启动器添加到菜单或桌面上时出现的名称
通用名称	使用此文本框可以指定启动器所属的应用程序类别。例如，你可以在此文本框中为gedit启动器键入**Text Editor**。也可以使用"**高级**"选项卡来添加通用名称的翻译
备　注	使用此文本框可以指定启动器的简短说明。该注释在你指向面板的启动器图标时，会显示为工具提示。可以使用"**高级**"选项卡来添加注释的翻译
命　令	使用此字段可以指定单击该启动器时执行的命令
类　型	使用此下拉组合框可以指定启动器的类型。可从以下选项中选择：① **应用程序**：选择此选项可以创建一个启动应用程序的启动器。② **链接**：选择该选项可创建链接到URL的启动器
图　标	选择一个图标来代表该启动器。要选择图标，单击"无图标"按钮。即可显示图标选择器对话框。从该对话框中选择一个图标。或者，如果要从其他目录中选择图标，请单击"浏览"按钮。当选择了图标之后，单击"确定"按钮
在终端中运行	选择此选项将在终端窗口运行应用程序或命令。对于并不创建窗口以在其中运行的应用程序或命令，请选择此选项

（3）要设置启动器的高级属性，请单击"**高级**"选项卡。此时，"**创建启动器**"对话框就会显示"**高级**"选项卡部分，如图3-3所示。

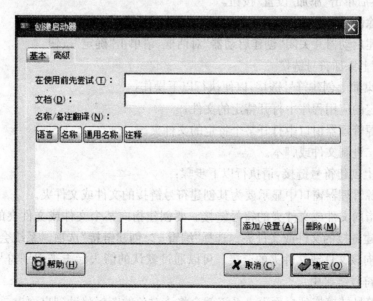

图3-3 创建启动器（高级）对话框

（4）在此对话框中输入启动器的高级属性。表 3 - 3 说明了"高级"选项卡部分顶部的各个对话框元素。

表 3 - 3 "高级"选项卡部分顶部的各个对话框元素

对话框元素	说　　明
在使用前先尝试	在此处输入一条在启动启动器之前进行检查的命令。如果命令可执行而且指向正确路径，启动器就会出现在面板上
文　　档	输入启动器帮助文件的路径。如果在此字段中输入路径，则在该启动器的弹出菜单中会显示一个"关于 *launcher-name* 应用程序的帮助"菜单项

（5）也可以从"**高级**"选项卡部分添加"**名称、通用名称**"和"**备注**"字段的翻译。要添加翻译，请在"**名称/备注翻译**"表中输入翻译的详细信息（见表 3 - 4）。

表 3 - 4　名称/备注翻译

字　　段	说　　明
第一个字段	输入两个字母的代码以指定你要添加翻译的"**语言**"
第二个字段	输入启动器的"**名称**"翻译
第三个字段	输入启动器的"**通用名称**"的翻译
第四个字段	输入启动器的"**备注**"的翻译

（6）然后单击"**添加**"推荐，将引导管理器安装在此处，除非 MBR 上已经安装了其他系统引导管理器，如 Windows NT，System Commander 或 OS/2 引导管理器。

（7）要编辑翻译，请选中该翻译。翻译文本就会出现在对话框的下半部分。根据需要编辑各个字段，然后单击"**添加/设置**"按钮。

（8）要删除翻译，请选中该翻译，然后单击"**删除**"按钮。

（9）要创建启动器并关闭"**创建启动器**"对话框，请单击"**确定**"按钮。

4. 向桌面上添加符号链接

你可以在桌面上创建符号链接，以便执行以下操作：

（1）在特定的应用程序中打开特定的文件。

（2）在资源管理器窗口中打开某个特定的文件夹。

（3）运行二进制文件或脚本。

要在桌面上创建符号链接，请执行以下步骤：

（1）在资源管理器窗口中显示要为其创建符号链接的文件或文件夹。

（2）创建指向文件或文件夹的符号链接。要创建指向某个文件或文件夹的符号链接，请选择要为其创建链接的文件或文件夹。选择"**编辑->创建链接**"选项。系统会在当前文件夹中添加一个指向该文件或文件夹的链接。可以通过默认的箭头标志来识别符号链接，该标志出现在所有的符号链接中。

（3）将该符号链接拖到桌面上。系统就会将该对象的图标移动到桌面上。

5. 在桌面上添加文件或文件夹

下面将介绍如何在桌面上添加文件对象和文件夹对象。

(1) 将文件或文件夹移动到桌面上。你可以将文件或文件夹从资源管理器移动到桌面上。要将文件或文件夹移动到桌面上,请执行以下步骤:

① 打开资源管理器窗口。

② 在视图窗格中显示要移动的文件或文件夹。

③ 将该文件或文件夹拖到桌面上。该文件或文件夹的图标就会移动到桌面上。该文件或文件夹就会移动到桌面目录中。

或者,选择该文件或文件夹,然后选择"**编辑**"→"**剪切文件**"选项。右击任何桌面对象,然后选择"**粘贴文件**"选项。

(2) 将文件或文件夹复制到桌面上。你可以将文件或文件夹从资源管理器复制到桌面上。要将文件或文件夹复制到桌面上,请执行以下步骤:

① 打开资源管理器窗口。

② 在视图窗格中显示要移动的文件或文件夹。

③ 按住 Ctrl 键,然后将该文件或文件夹拖到桌面上,系统会在桌面上添加该文件或文件夹的图标,并且系统也会将该文件或文件夹复制到桌面目录中。

或者,选择该文件或文件夹,然后选择"**编辑**"→"**复制文件**"选项。右击任何桌面对象,然后选择"**粘贴文件**"选项。

(3) 在桌面上创建文件夹对象。要创建文件夹对象,请在桌面上右击鼠标,选择"**创建文件夹**"选项,系统就会在桌面上添加一个"**未命名文件夹**"。键入新文件夹的名称,然后从右键菜单中按下回车键,一个以新名称命名的文件夹就在桌面上创建成功了。

6. 重命名桌面对象

要重命名桌面对象,请右击该对象,然后选择"**重命名**"选项,系统将高亮显示该桌面对象的名称。为该对象键入新的名称,然后按下回车键,即完成命名。

7. 从桌面上删除对象

要从桌面上删除对象,请右击该对象,然后选择"**移到回收站**"选项。或者,将该对象直接拖拽到"**回收站**"中。

8. 从桌面上永久删除对象

当你选择从桌面上永久删除一个对象时,系统不再将该对象移动到"**回收站**",而是立即将其彻底删除。

要从桌面上删除一个对象,请右击该对象,然后选择"**永久删除**"选项,或者在将对象"**移到回收站**"后将"**回收站**"进行清空。

注意:永久删除的对象将不再可"恢复",请谨慎操作。

9. 查看桌面对象的属性

要查看桌面对象的属性,请执行以下步骤:

(1) 右击要查看其属性的对象,然后选择"**属性**"选项,即可显示属性对话框。

(2) 使用属性对话框来查看桌面对象的属性。

(3) 单击"**关闭**"按钮,关闭属性对话框。

10. 更改桌面对象的权限

要更改某个桌面对象的权限,请执行以下步骤:

(1) 右击要更改其权限的对象,然后选择"**属性**"选项,即可显示属性对话框。

(2) 单击"**权限**"选项卡,显示"**权限**"选项卡式部分。

(3) 在"**权限**"选项卡式部分中,使用下拉列表和复选框来更改文件或文件夹的权限。有关"**权限**"选项卡式部分中对话框元素的更多信息,请参见"**Nautilus 资源管理器**"。

(4) 单击"**关闭**"按钮,关闭属性对话框。

11. 为桌面对象添加标志

要为某个桌面对象添加标志,请执行以下步骤:

(1) 右击要为其添加标志的对象,然后选择"**属性**"选项,即可显示属性对话框。

(2) 单击"**标志**"选项卡,显示"**标志**"选项卡式部分。

(3) 选择要添加到该项目的标志。

(4) 单击"**关闭**"按钮,关闭属性对话框。

12. 为桌面对象添加注释

要为桌面对象添加注释,请执行以下步骤:

(1) 选择要为其添加注释的对象。

(2) 选择"**文件→属性**"选项,即可显示属性对话框。

(3) 单击"**注释**"选项卡,在"**注释**"选项卡式部分中键入注释。

(4) 单击"**关闭**"按钮,关闭属性对话框。一个注释标志便会添加给该桌面对象。

要删除注释,请从"**注释**"选项卡式部分中删除注释文本。

13. 更改桌面对象的图标

要更改桌面对象的图标,请执行以下步骤:

(1) 右击要更改其权限的对象,然后选择"**属性**"选项,即可显示属性对话框。

(2) 在"**基本**"选项卡部分中,单击"**选择定制图标**"按钮,即可显示"**选择图标**"对话框。

(3) 在"**选择图标**"对话框中选择表示该文件或文件夹的图标。

(4) 单击"**关闭**"按钮,关闭属性对话框。

要将定制的图标还原为"**文件类型和程序**"首选项工具中指定的默认图标,请右击该图标,然后选择"**删除定制图标**"项。或者,单击"**属性**"对话框中的"**删除定制图标**"按钮。

14. 改变桌面对象的图标大小

你可以改变表示桌面对象的图标大小。要更改桌面上图标的大小,请执行以下步骤:

(1) 右击要改变其图标大小的桌面对象,然后选择"**拉伸图标**"选项,该图标周围就会出现一个矩形,每个角都带有一个手柄。

(2) 抓取其中一个手柄,然后将图标拖到所需的大小。

要还原到原始的大小,请右击该图标,然后选择"**恢复图标的原始大小**"选项。

二、使用桌面上的回收站

你可以将不要的文件或文件夹移到"**回收站**"中。

如果需要从"**回收站**"中检索一个文件,你可以查看"**回收站**"。还可以在"**回收站**"窗口中使用右键菜单中的"**恢复**"选项将误删除的文件移出"**回收站**"。不过,当清空"**回收站**"时,将永久删除"**回收站**"中的项目。

三、使用桌面菜单

由上可知,桌面右键菜单非常有用,要打开"**桌面菜单**"(见图3-4),请右击桌面上的空白区域。你可以使用**桌面**菜单在桌面上执行操作。

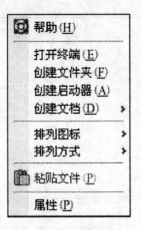

图3-4 桌面菜单

表3-5对**桌面**菜单中的各项进行了说明。

表3-5 桌面菜单项的功能

菜 单 项	功　　能
帮助	打开联机帮助
打开终端	启动 GNOME 终端
创建文件夹	在桌面上创建一个新的文件夹对象
创建启动器	在桌面上创建一个启动器
创建文档	在桌面上创建一个新文档
排列图标	排列桌面图标
排列方式	桌面图标排列方式
粘贴文件	将缓冲区中的文件放置到选定的文件夹或桌面中
属性	打开显示属性对话框,可以配置桌面显示属性

第四节　小　　结

通过本章的学习,你应该初步了解 GNOME 桌面环境,可以配置你自己喜欢的桌面。并且,你应该掌握 Linux 桌面的各种基本操作。更进一步的应用我们将在第八章至第十一章介绍。

第四章 文件和系统

　　熟悉 Windows 或 DOS 操作系统的读者对目录和文件的概念都不会陌生。在 Windows 中,每个设备和硬盘分区都有独立的目录,例如,硬盘的不同分区可能对应盘符 C:、D:、E: 等。文件和目录层次结构都是各自独立的。

　　在 Linux 系统中,每个设备和硬盘分区构成一个文件系统,并且有其各自的顶层目录和目录层次结构。与 Windows 有所不同的是,在各个设备之间,一个文件系统的顶层目录被挂接到另一个文件系统的目录结构上,如此操作,最终使得所有文件系统结合成一个无缝的统一整体,组织到一个大的树形目录结构中。这个树的根即为根目录,用"/"表示。下面先简要地介绍一下根目录下最常用的一些目录:

　　/bin:存放最基本的命令。

　　/boot:存放内核及加载内核所需的文件。

　　/dev:存放系统外部设备文件。

　　/etc:存放系统和应用程序的配置文件。

　　/home:用户主目录。

　　/lib:存放系统的动态链接共享库。

　　/mnt:用于挂载临时文件系统。

　　/proc:系统内存的映射。

　　/sbin:存放系统管理相关的命令。

　　/usr:次级主文件层次结构。

　　　　/usr/bin:存放大多数用户命令。

　　　　/usr/include:存放 C 程序所包含的头文件。

　　　　/usr/lib:存放常用动态链接共享库和静态档案库。

　　　　/usr/local:本地文件层次结构。

　　　　/usr/sbin:次级系统管理命令。

　　　　/usr/src:存放 Linux 源代码。

/usr/X11R6：存放 X-Window 系统。

第一节　Linux 中的文件

在 Linux 中，用来存储信息的基本结构称为文件。和 Windows 及其他操作系统一样，Linux 系统也需要通过文件名和路径来确定一个文件。一个文件名可由字母、数字、下划线、句号、逗号等简单字符串组成，虽然可以使用几乎任何字符，但规范的命名有助于避免不必要的麻烦。因此，文件名中最好不要包含空格及以下特殊字符：

!@＃$%～&*()[]{}'"\/|;<>`

一般情况下，Linux 允许的最长文件名为 255 个字符，但出于使用方便及某些文件系统的限制，通常应把文件名限制在 14 个字符以内，文件名最好不超过 8 个字符，文件扩展名不超过 3 个字符（文件扩展名是指文件名最后一个点之后的部分。例如，在文件 file.txt 中，"txt"就是文件的扩展名）。

Linux 中的最高层目录是根目录，用斜杠"/"表示。从根目录开始，通过一系列子目录逐层向下，即可指定某个特定文件，其间通过的一整串目录称为路径，路径的各目录间用符号"/"隔开。路径可以是相对的，也可以是绝对的。从根目录开始的路径为绝对路径，从当前目录开始的路径为相对路径。例如，联机手册的绝对路径为/usr/share/man；若当前目录为 usr，则其相对路径为 share/man。

Linux 有四种基本的文件类型：普通文件、目录文件、连接文件和特殊文件。

如果你比较熟悉各种文件扩展名的含义，你可以通过文件扩展名来判断文件的类型。例如，对于文件 file.txt，我们从其扩展名得知它是一个文本文件。如果某文件没有带扩展名或你不能确定该扩展名的含义，那么你可以用 file 命令来确定文件的类型。如果在当前目录下有一个名为 install 的文件，那么你可以用下面的命令来确定它的类型：

file install

返回的信息将指出这个文件的类型。例如，系统返馈的信息为

install：ASCII English text，

说明该文件是一个英文文本文件。

一、普通文件

普通文件包括文本文件、C 语言源代码、shell 脚本、二进制的可执行程序和各种类型的数据文件。我们使用的绝大多数文件都是普通文件。

二、目录文件

在 Linux 中，目录也是文件，在目录中包含文件和子目录。目录文件是 Linux 存储文件名的唯一地方，在使用 ls 命令列出一个目录的内容时，所做的事只是列出了这个目录文件的内容，还没有触及文件本身。

当你使用 mv 命令对存在当前目录中的一个文件重新命名时，你所做的事只是改变了该文件在目录文件中的条目。如果你把一个文件从一个目录移到另一个目录中，你所做的事只

是把这个文件从一个目录文件移到另一个目录文件中，当然，这要求新的目录在同一实际的磁盘上或在同一分区上。如果不是这样的话，Linux 将把该文件的每一个字节都实际地拷贝到另一磁盘上。

三、链接

链接是一个到某个文件的指针，该指针和存储在磁盘上的某个文件名相关。因此，创建某个现有文件的链接并不会创建该文件的另一个副本，虽然这个链接也会以另一个文件的形式出现在文件结构中。从这个意义上说，一个文件和它的链接都是同一个文件，其文件的状态信息也是相同的。

不特别说明，我们通常所说的链接是指硬链接。与之对应的，还有另一种链接，称为软链接或符号链接。符号链接是一个到某个文件的间接指针。和硬链接不同，一个符号链接可以指向同一磁盘或另一磁盘上的另一个文件或目录，也可以指向另一台计算机上的一个文件或目录。

在使用方面，你可以像访问一个普通文件一样访问链接。需要指出的是，某个文件及其所有硬链接都具有同样的地位，也就是说，系统把每个硬链接都看作是原始文件，并且在文件的最后一个链接被删除之前，实际的数据不会被删除；而符号链接则没有与原始文件相同的地位。但是符号链接还有一个很大的优点是它可以指向一个非实际存在的文件。因此，当你要创建一个可能会被删除或重新创建的文件的链接时，符号链接就显得很有用。

四、特殊文件

设备文件让程序能够与系统的硬件和外围设备进行通信。每个与 Linux 系统相连的实际设备（如磁盘、终端和打印机等），都会以一个文件的形式在文件系统中显示出来，这些设备的通信接口看起来就像是一个普通文件。

大多数设备文件都放在/dev 目录中，主要是块设备文件和字符设备文件。块设备的主要特点是可以随机读写，最常见的块设备就是磁盘，如/dev/hda1、/dev/sda2、/dev/fd0 等。而最常见的字符设备就是打印机和终端，它们可以接受字符流。

除了以上介绍的几种常见文件类型以外，还有命名管道（FIFO）文件和套接字（socket）文件，由于不太常用，这里就不再介绍。

第二节 文件的权限

通过为文件和目录设置权限位，可以防止未授权的用户访问你的文件。创建文件的用户和该用户所属的组拥有该文件。文件的属主可以设定谁具有读、写或执行该文件的权限。而 root 用户则可以改变所有文件的权限设置。我们首先来看一下一个文件可以有哪些访问方式。

一个用户可以用三种方式来访问一个文件：

（1）读，可以显示该文件的内容。

（2）写，可以编辑或删除该文件。

（3）执行，可以执行该文件。

而对于访问文件的用户，又可以分为三种类型：

(1) 文件属主,创建该文件的用户。

(2) 同组用户,该文件属主所在组中的任何用户。

(3) 其他用户,不属于该文件属主所在组的任何用户。

因此,对于某个普通文件而言,有 9 种可能的访问方式。所以我们使用 9 个权限位来表示可以由谁对该文件执行什么样的操作:每 3 位为一个集合,代表"读取"、"写入"和"执行";共 3 个集合,代表"文件属主"、"同组用户"和"其他用户"。

你可以用命令 ls-1 来显示一个文件的权限。-1 选项告诉 ls 命令显示文件详细信息,如果键入 ls-1,则可以看到类似下面的目录列表:

-rwxr-xr-x	1	smile	guest	512	2006 - 01 - 12	log
drw -------	5	jane	member	1024	2006 - 02 - 21	mail

上例中的第一列即为权限字段分,为四个部分:

-rwx rwx rwx

第一个字段标识了文件的类型。"-"表示这是一个普通文件,如果该文件是目录,则用"d"标记。接下来的三个子字段分别显示了文件的读、写和执行权限。例如,这三个子字段中的第一个子字段"rwx",说明该文件的所有者对该文件具有读、写和执行权限。第二个子字段说明文件属主的同组用户对该文件具有读和执行权限,第三个子字段显示其用户也具有读和执行权限。

需要注意的是,目录的权限和文件的权限有所不同。目录的读权限可以列出该目录中的内容,写权限意味着可以在该目录中创建文件或子目录,执行权限则可以搜索和访问(进入)该目录。

表 4-1 显示了文件类型字段的代表值。

表 4-1 文件类型字段的代表值

字 符	含 义
-	普通文件
b	块设备文件
c	字符设备文件
d	目录
l	符号链接
s	套接字文件
p	命名管道文件

第三节 文件系统的管理

一、安装文件系统

访问一个文件系统之前,必须先将其挂载在某个目录下。例如,如果在软盘上有一个文件系统,则必须先将它挂载到某个目录下,一般为/mnt/flooy,以便能够访问其上的文件。挂载好文件系统后,该文件系统中的所有文件都将会显示在那个目录下。这时,你就可以访问该文件系统了。如果不再访问该文件系统,则需要将该文件系统卸载掉,这时该目录(这里为/mnt/flooy)变为空。

硬盘上的文件系统也是如此。在启动时,一些文件系统会自动被挂载到指定的目录上,例如,根文件系统会被挂载在目录"/"下,如果/usr 有另一个单独的文件系统,则会安装在/usr下。

要挂载文件系统,可以用 mount 命令进行挂载,或者通过/etc/fstab 文件来开机自动挂载。

使用 mount 命令手工挂载文件系统的命令格式如下:

mount [-t fstype] [-o options] device directory

-t 选项用于确定文件系统类型;-o 选项常用来确定 ro(只读)和 rw(读/写);设备即为计算机上安装的存储设备,如/dev/hda1、/dev/sda1 等。

一般情况下,光驱设备是/dev/cdrom;软驱设备是/dev/fd0。例如,挂载文件系统/dev/hda3:

♯ mount -t ext3 /dev/hda3 /usr

除了可以使用 mount 命令挂载文件系统,还可以通过配置文件/etc/fstab 文件在开机时自动挂载文件系统。

我们先来看一个 fstab 文件的例子:

| LABLE=/ | / | ext3 | defaults | 11 |
| /dev/hda2 | swap | swap | defaults | 00 |

其中,第一个字段是设备名,即要挂载的文件系统名;

第二个字段是文件系统的挂载点;

第三个字段是文件系统类型;

第四个字段是挂载选项,通常设置为"defaults";

第五个字段表示文件系统是否需要 dump 备份,1 为需要,0 是不需要;

第六个字段 表示是否在系统启动时,通过 fsck 磁盘检测工具来检查文件系统,1 是需要,0 是不需要,2 是跳过。

因此,对于前面的挂载例子,可以在/etc/fstab 文件中加入一行:

| /dev/hda3 | /usr | ext3 | defaults | 00 |

然后重新启动计算机就挂载完毕了。

一般情况下,不需要手工挂载或卸载 fstab 中列出的文件系统,/etc/rc 中的 mount -av 命令在系统启动时负责自动挂载文件系统。文件系统会在用 shutdown 或 halt 命令关闭系统时自动卸载。

二、检查文件系统

在 Linux 下,用于检查文件系统的命令为 fsck,例如,使用下面的命令:

fsck /dev/hda3

将检查/dev/hda3 上的文件系统,并报告所发现的问题。fsck 会自动检测文件系统的类型,并调用相应的检测程序来处理不同类型的文件系统。

通常,在检查文件系统之前最好先卸载该文件系统。卸载文件系统可以使用如下命令:

umount /dev/hda3

该命令将卸载/dev/hda3 上的文件系统,然后再对该文件系统进行检查。

但文件系统中有文件正在"忙",即正在被其他运行进程使用时,不能卸载该文件系统。例如,当某个已登录用户的当前工作目录在某个文件系统上时就不能卸载该文件系统。因此,检查文件系统最好在单用户模式下进行。而对于根文件系统,则会以只读方式挂载进行检查。

fsck 能够检查并修正文件系统结构方面的问题,比如文件系统的长度、文件节点数目、空闲数据块、文件节点状态、文件系统的连通性等。从而确保文件系统定义数据结构的一致性。

fsck 命令有一些经常使用的参数:

-f 它的作用是即使磁盘看起来无需检查也强制执行。默认情况下,只有当文件系统有问题时才需要进行检查。或者说,只有当文件系统没有被正确卸载、或者使用了一定的时间、系统重新启动一定次数后才需要进行检查。

-p 整理文件系统,自动修正所有可以安全地更正,并且不会导致数据丢失的问题。

-y 对所有问题回答 yes。它的效果是:自动修正所有发现的问题,即使那些可能导致数据丢失的问题也要修正。

有一点很重要,那就是在检查完文件系统后,如果对该文件系统作了任何纠正,就应该立即重新启动系统(当然,一般情况下,不能在文件系统被安装时检查它)。例如,如果 fsck 报告对文件系统的错误作了纠正的话,就应该立即用 shutdown -r 命令确保重新启动系统,使 fsck 修改了文件系统后,系统能重新同步读文件系统的信息。

第四节 Linux 中的设备

一台计算机除了有 CPU、内存和主板之外,还有各种设备,如磁盘驱动器、显示卡、键盘、网卡、modem 卡、声卡等。计算机要正常工作,每个设备都必须在它的驱动程序控制下运行。驱动程序与/dev 目录下的特殊文件联系在一起,如 hda1, ttyS0, eth1 等。

一、硬盘

在 Linux 中,每个硬盘表现为一个单独的设备文件。对于 IDE 接口的硬盘设备文件,通常如下命名:第一块 IDE 硬盘命名为 hda,第二块 IDE 硬盘命名为 hdb,以此类推;而 SCSI 硬盘则以 sda, sdb 等来命名。可以在/dev 目录中看到这些文件名。

二、软驱

Linux 有一个特定的软驱设备类型,能自动检测软驱中软盘的种类。它使用不同的软盘类型试图读取新插入的软盘的第一个扇区,直到找到正确的一个。这自然要求软盘是已经格式化过的。软驱设备文件命名为/dev/fd0, /dev/fd1 等。

三、SCSI 设备

当一个新的 SCSI 主卡被侦测到时，SCSI 驱动程序会寻找连接着的设备。可以检查系统日志以确认设备被正确地侦测到了。新的 SCSI 设备会被指定为第一个可用的 SCSI 设备文件。第一个 SCSI 硬盘是/dev/sda，第一个 SCSI 磁带机是/dev/st0，第一个 SCSI 接口的 CD-ROM 会是/dev/scd0。

四、网卡设备

在 Linux 中，以太型网卡通常被命名为 eth0、eth1 等。环形卡也同样地被命名为 tr0、tr1等。使用 ifconfig 命令可以查询及修改网络接口的状态。Linux 的另一特点是网络界面并不会像其他设备一样地被看成是一个在/dev 里头的文件。所以，如果在/dev 内找不到它们时请不要惊讶。当一个以太网卡被侦测到时，它会被指定为第一个可用的接口卡名字，通常为 eth0。

五、串行设备

Linux 的串行设备都是经由/dev/cua* 和/dev/ttyS* 特殊设备文件来取用。ttyS* 的设备被使用在进来的连接，例如，直接地连接终端机。cua* 的设备被使用在往外的连接，比如调制解调器。而每一个实体串口都各有 ttyS 和 cua 两个设备文件，要使用哪个设备由你自己决定。

当一个串行卡或数据卡被侦测到时，它会被指定成为第一个可用的串行设备，通常是/dev/ttyS1（cua1）或/dev/ttyS2（cua2），这要看已内建的串口数目。ttyS* 设备会被报告在/var/run/stab 内。

第五节　小　结

本章介绍了 Linux 下的文件系统和文件的概念，并介绍了几种常见的文件类型以及如何对文件系统进行管理，还介绍了几种 Linux 常用的设备文件，这对于如何识别和访问这些硬件设备非常有用。

第五章 Linux 的基本命令

除了使用图形界面外，Linux 系统还提供了命令行的模式来完成各种对系统的操作。当然，要进行这些操作需要掌握一些 Linux 命令。对于有经验的用户来说，直接使用命令，能带来更高的管理效率。

第一节 UNIX 命令行

一、命令行语法

Linux 命令需要遵循已经建立好的共同规则，这叫作命令行语法。如果你不准确地遵循这些语法，命令将不能被正确执行，问题也就会随之产生。

当你输入一条命令时，除了键入命令的名称，后面通常还有其他信息，跟在命令名后面的项目叫作"变量"。例如，输入以下字符构成一个命令行：

wc -l doc. txt

有两种类型的变量：选项和参数。选项直接跟在命令名后面，通常以减号为前缀；参数接在选项后面。在这个例子中，-l 选项告诉字数统计命令 wc 计算行数，而参数 doc. txt 则表明需要统计的对象。

完整的命令句法应该是：

command_name options parameters

注意，变量和命令名都要十分准确。

二、通配符基础

如果你忘记了你要找的文件名怎么办？——用通配符来帮忙，它可以用来确定文件名的模式。表 5-1 为常用的通配符，表 5-2 为应用实例。

表 5-1　常用通配符

通　配　符	含　　义
*	匹配任意顺序的一个或多个字符
?	匹配任意单个字符
[]	匹配一组封闭字符或范围

表 5-2　应用实例

实　　例	含　　义
S*	以 S 开头的文件
S*y	以 S 开头,并且以 y 结尾的文件
?.txt	开头必须是一个字符,扩展名为.txt 的文件
Doc[0-9].txt	名为 Doc0.txt 到 Doc9.txt 的文件

如上所示,使用通配符可以很容易地挑选出多个项目。

第二节　使用 man 命令获得帮助

Linux 有数以百计的命令。我们不可能把每个命令的详细功能都记得十分清楚,但是我们可以非常地容易获得帮助。像大多数 UNIX 版本一样,Linux 操作系统发行版本为大多数的程序、工具、命令或系统编程调用编制了使用手册。可以得到几乎所有命令的有关信息,包括 man 命令本身。例如,输入以下命令就可以查阅 man 命令的使用手册:

♯ man man

man 命令的句法是:

man [option] keyword

第三节　浏览及搜索文件系统

一、目录切换命令 cd

cd 命令是在 Linux 文件系统的不同部分之间切换的基本工具。只要你知道你的当前目录以及它与你想转换到的位置间的关系,就可以使用 cd 命令方便地改变所在目录。

语法:cd [dirName]

说明:切换工作目录至 dirName。

其中 dirName 可为绝对路径,也可为相对路径。绝对路径从/开始,然后循序到你所需要的目录;相对路径则从你的当前目录开始,你的当前目录可以是任何地方。若目录名称省略,则切换至用户的 home 目录(即用户登录时所在的目录)。此外,"～"也表示 home 目录,"."则是表示当前所在的目录,".."则表示当前目录位置的上一级目录。

应用实例:

实　例	功　能
cd	返回到当前用户主目录
cd～	返回到当前用户主目录
cd /	返回到整个系统的根目录
cd /root	切换到超级用户(在安装时创建的账号)的主目录(你必须是超级用户才能访问该目录)
cd～其他用户名	切换到其他用户的主目录(其他用户授予你相应权限才能访问该目录)
cd..	返回到当前目录的上一级目录
cd../..	返回到当前目录的上两级目录
cd subdir	切换到当前目录的子目录 subdir
cd /dir1/subdir	切换到根目录下 dir1 目录的子目录 subdir

二、打印当前目录命令 pwd

当你在目录切换中迷失方向或者忘记你的当前目录全名时,pwd 命令会告诉你当前所在目录的路径。

语法:pwd

应用实例:

执行命令:# cd /usr/bin 后,

输入:# pwd

会看到以下输出:/usr/bin。

三、搜索匹配文件命令 find

find 命令是一个功能强大的命令,可以使用它在文件系统上查找文件。

语法:find [path] [options] [expression]

说明:将指定路径(path)文件系统内符合表达式(expression)的文件列出来。你可以指定文件的名称、类别、时间、大小、权限等不同信息的组合,只有完全相符的文件才会被列出来。如果设置的路径是空字串,则使用当前路径;如果表达式是空字串,则使用-print 为预设表达式。表达式(expression)中可使用的选项有二三十个之多,在这里只介绍最常用的部分:

参　数	功　能
-xdev	把查询操作限制在当前文件系统中
-amin m	在过去 m 分钟内被访问过的文件
-cmin m	在过去 m 分钟内被修改过的文件
-anewer file	比文件 file 更晚被访问过的文件
-cnewer file	比文件 file 更晚修改过的文件

(续表)

参　数	功　能
-atime n	在过去 n 天被访问过的文件
-ctime n	在过去 n 天被修改过的文件
-ipath p,-path p	路径名是 p 的文件,ipath 忽略大小写
-name f,-iname f	文件名是 f 的文件,iname 会忽略大小写
-size n	文件大小是 n 的文件
-type t	文件类型是 t 的文件,类型可以是 d(目录)、f(文件)、l(链接)等
-perm	根据文件权限查找
-empty	空的文件

应用实例:

＃ find.—type f-name "＊.txt"

列出当前目录及其子目录下所有扩展名为.txt 的文件。

＃ find.-ctime-20

列出当前目录及其子目录下所有最近 20 分钟内更新过的文件。

四、文件定位命令 locate

加快文件搜索的方法之一是不去搜索文件子目录,可以使用 locate 命令来做到这一点。locate 命令使用的是一个文件名数据库,而检索一个索引文件当然要比搜索整个硬盘驱动器要节省时间。所以,使用 locate 命令查找文件要比使用 find 命令快得多,但使用之前必须先执行 updatedb 来创建文件数据库。

语法:updatedb。

说明:updatedb 只能由 root 用户来执行,它创建当前整个系统的文件数据库。每当系统更新或文件更新时,都要重新运行 updatedb 来更新文件数据库。

语法:locate keyword。

说明:locate 命令让使用者可以很快速地搜寻文件系统内是否有指定的文件。其方法是先建立一个包括系统内所有档案名称及路径的文件数据库,之后要寻找某个文件时就只需查询这个数据库,而不必实际深入文件系统中了,从而大大提高了查找效率。

应用实例:

　　输入:＃ locate foo
　　输出:/usr/lib/texmf/tex/latex/misc/footnpag. sty
　　　　　/usr/share/games/fortunes/food
　　　　　/usr/share/games/fortunes/food. dat
　　　　　/usr/share/gimp/patterns/moonfoot. pat

该命令输出所有包含关键字"foo"的内容。

第四节　子目录和文件

我们已经学会了如何进入不同的子目录以及如何查找文件,下面再进一步学习怎样列出一个子目录中的内容清单、如何对硬盘驱动器上的文件进行归类以及如何阅读文件的内容等。

一、列目录清单命令 ls

列目录内容清单命令 ls 是最经常使用的命令之一,在前面的章节中已经频繁出现过。

语法:ls［optinons］file ...

说明:列出指定工作目录下的文件及子目录。虽然这个命令本身只有两个字母,但是它的命令行参数可能比其他任何程序都多! 这里只介绍常用的几个:

参　数	功　能
-a	显示当前目录中的所有文件及目录,包括隐藏文件
-A	同-a,但不列出"."及".."目录
-l	列出文件/目录的类型、权限、所有者、大小、修改日期、名称等信息详细
-R	递归显示子目录的内容
-F	在列出的文件名称后添加符号,以区分文件类别。例如,可在执行程序后加"＊",目录后加"/"
-t	将文件按建立的时间顺序列出

应用实例:

＃ ls-lt s＊

该命令将按建立的时间顺序列出当前工作目录下所有名称是 s 开头的文件。

＃ ls-lR/home

该命令会列出/home 目录下所有目录及文件的详细资料。

二、文件内容显示命令 cat

cat 命令可以显示文件的内容,又常用来进行文件的合并、建立、覆盖或者添加内容等操作。

句法:cat file［＞|＞＞］［targetfile］。

说明:默认的情况下,cat 命令将文件的内容显示到标准输出。

应用实例:

＃ cat textfile

该命令会将文件 textfile 的内容输出到屏幕上。

你还可以使用＞符号,这将使命令的输出重定向到跟在符号之后的文件中:

♯ cat textfile1＞ textfile2

把文件 textfile1 的内容输出到 textfile2 这个文件中。

重定向是指把命令结果发送到指定的文件或命令。重定向分为输出重定向(＞)和输入重定向(＜)。

利用重定向,cat 可以将现有的多个文件合并成一个文件,例如:

♯ cat textfile1 textfile2 ＞ textfile3

该命令把文件 textfile1 和 textfile2 加到一起生成文件 textfile3。"＞＞"或"＜＜"则为追加重定向,例如:

♯ cat textfile4 textfile5＞＞ textfile3

该命令把文件 textfile4 和 textfile5 的内容追加到文件 textfile3 中。

因为 cat 命令可以读取标准输入,所以,可以使用 cat 命令在不使用字处理或者文本编辑程序的情况下建立一个短的文本文件,并通过键盘直接向这个文件输入内容。

如从键盘输入建立文件 myfile. txt:

输入命令:♯ cat ＞ myfile. txt

输入文件内容:It is myfile.

最后,按下 Ctrl＋D 组合键结束文件。

三、用 **more** 和 **less** 命令浏览

cat 命令在查看短文件的时候很有用,但是当读取一个很长的文本文件时,可能只能看到最后一屏,这时,我们可以使用页命令。

more 命令是一个传统意义上的页命令,它提供了早期页命令的基本特色。

语法:more [option] filename。

说明:more 命令用于一次一屏地分页显示文本。

最基本的指令就是按空白键(space)显示下一页,按 b 键(back)返回上页显示,使用中查看帮助文件按 h 键,要退出按 q 键。

应用实例:

♯ more file

该命令会逐页显示文件 file 的内容。

使用 less 命令可以更加出色地完成工作,它改进了 more 命令,并且添加了许多新的特性。

语法:less [option] filename。

说明:less 的作用与 more 十分相似,都可以用来浏览文本文件的内容,不同的是 less 允许你使用方向键来前后滚动显示内容,同时,因为 less 并未在一开始就读入整个文件,因此在遇上大型文件的开启时,会比一般的文本编辑器(如 vi)浏览速度快。如果需要了解 less 的更多用法,请使用 man less(或 less-help)查看 less 的详细说明。

四、用 head 和 tail 命令阅读

如果你只想阅读一个文件的开头或者结尾的部分(例如对于系统日志文件,通常只关心最近的信息),head 和 tail 命令可以让工作变得更简单。

语法:head [option] filename。

说明:head 命令用于显示一个文件的头几行内容。在默认状态下,显示文件前 10 行的内容。

应用实例:

♯ head file

它将显示文件 file 前 10 行的内容。

当然,你也可以通过指定一个数字选项来改变要显示的行数,例如:

♯ head-20 file

该命令将显示文件 file 前 20 行的内容。

而与 head 命令相反的是 tail 命令:

句法:tail [option] filename。

说明:tail 命令用于显示一个文件结尾几行的内容。默认状态下,显示文件结尾 10 行的内容。

该命令通常用来实时监测某个文件是否被修改以及查看日志文件,例如。

♯ tail maillog

第五节 文件和目录的复制、删除和移动

一、文件复制命令 cp

使用 cp 命令,我们可以完整地拷贝一个文件。

语法:cp [option] source file/directory target file/directory。

说明:用 cp 命令复制源文件到一个指定的目的地,或者复制任意多个文件到一个指定目录。

如果最后一个命令参数为一个已经存在的目录名,cp 会将每一个源文件复制到那个目录下(维持原文件名)。如果所给的参数只有两个文件名,则把前一个文件覆盖到后一个文件上。下面介绍几个常用参数:

参　数	功　　能
-a	保留链接、文件属性,并递归地复制目录
-i	提示是否覆盖现有目标文件
-r	若 source 中含有目录名,则递归复制目录
-f	复制前删除已存在的目标文件或目录,且不作提示

应用实例：

cp file1 file2

该命令把文件 file1 拷贝到文件 file2，同时保留文件 file1。如果文件 file2 已存在则覆盖 file2，否则新建 file2。

cp -r dir1 dir2

该命令把子目录 dir1 及其中的文件拷贝到子目录 dir2 中去。

二、目录创建命令 mkdir

使用 mkdir 命令可以一次建立一个或者多个目录。mkdir 命令还可以只使用一个命令行一次就建立起包括全部的父目录和子目录在内的一个完整的子目录继承结构。

语法：mkdir directory ...

说明：创建目录。

应用实例：

mkdir dir1 dir2 dir3

该命令将在当前目录下一次创建三个目录：dir1、dir2、dir3。

使用参数 p，还可建立一系列完整的子目录结构：

mkdir -p dir/subdir

该命令将在当前目录下创建包含子目录 subdir 的目录 dir。

三、文件/目录删除命令 rm

使用 rm 命令可以一次删除一个或者多个文件及目录。

语法：rm [-rif] file or directory。

说明：删除文件及目录。

参　数	功　　能
-r	删除指定的目录及其中所有的文件和子目录
-i	删除前进行确认提示，这一选项是默认的
-f	即使原文件属性设为只读，也直接删除，不作确认提示

应用实例：

rm-i *.txt

该命令将删除所有扩展名为 txt 的文件，并且在删除前逐一提示是否真的想删除该文件。

使用通配符"＊"来删除文件要当心，因为它很容易删除你并不想删除的文件。所以最好使用参数-i 来再给你一个决定的机会。而参数-f 则很危险，它会不加任何提示地强行删除。

要递归地删除非空目录可以使用如下命令：

rm-r dir

该命令将删除目录 dir 及其包含的所有子目录和文件。

四、目录删除命令 rmdir

比使用 rm 更安全的另一个目录删除命令是 rmdir。这个命令不允许你使用递归删除，因此不能删除包含文件或子目录的目录，即不能删除非空目录。

语法：rmdir［Option］directory ...

说明：删除空的目录。

应用实例：

♯ rmdir dir1

该命令将删除当前目录下的子目录 dir1（这个子目录必须为空）。

可以使用参数-p 来删除某个子目录的继承结构，如果目录由多个路径名组成，则从最后一个路径名开始依次删除，例如：

♯ rmdir-p dir2/subdir

该命令将在当前目录下删除名为 subdir 的子目录。若子目录 subdir 删除后，dir2 成为空目录，则将 dir2 删除。

五、文件和目录移动命令 mv

mv 命令可以对文件或者子目录的名称进行更改，也可以用来在文件系统内移动文件或目录。

语法：mv［-if］source file target file。

说明：将一个文件重命名为另一文件，或将数个文件移至另一目录。

应用实例：

♯ mv file1 file2

该命令将把文件 file1 更名为 file2。

需要注意的是，如果目标目录里存在同名文件，mv 操作将会覆盖该文件，所以，若担心已存在同名文件，则可使用参数-i 提示是否要覆盖旧文件，例如：

♯ mv -i file1 file2

如果你想把文件从当前目录移到另一个现存的目录中，则可以使用下面的方法：

♯ mv file3 dir1

该命令将把文件 file3 从当前目录移动到目录 dir1 中。

第六节　文件和目录的权限操作

一、文件和目录的权限

在介绍有关文件和目录权限的命令之前，先简要回顾一下前面已经介绍过的关于文件和目录权限的知识。

在 Linux 系统中,每个文件和目录都有相应的访问许可权限,我们可以用它来确定何人可以通过何种方式对文件和目录进行访问和操作。文件或目录的访问权限分为可读、可写和可执行三种,分别以 r,w,x 表示,其含义为:

类型	r	w	x
文件	可读	可写	可执行
目录	可列出目录	可在目录中创建或删除文件	可以搜索或进入该目录

对于一个文件来说,可以将用户分成三类,并对其分别赋予不同的权限:

(1) 文件所有者。

(2) 与文件所有者同组的用户。

(3) 其他用户。

每一个文件或目录的访问权限都有三组,每组用三位表示,如:

$$d\ rwx\ r\text{-}x\ r\text{--}$$

第一部分:这里的 d 代表目录,其他:-代表普通文件,c 代表字符设备文件。

第二部分:文件所有者的权限,这里为 r w x 表示可读、可写、可执行。

第三部分:与文件所有者同组的用户的权限,这里为 r-x,表示可读、不可写、可执行。

第四部分:其他用户的权限,这里为 r--,仅可读。

二、权限修改命令 chmod

在创建文件时,文件所有者可以对该文件的权限进行设置,也可以用 chmod 命令来改变文件或目录的许可模式。

使用 chmod 命令改变指定文件访问权限有两种方式:一种是用符号标记进行更改;另一种是采用 8 进制数指定新的访问权限。

句法:chmod [who] [opt] [mode] file or directory。

说明:chmod 命令用于改变文件的访问权限。

其中 who 表示对象,是以下字母中的一个或组合:

　　u:表示文件所有者。

　　g:表示同组用户。

　　o:表示其他用户。

　　a:表示所有用户。

opt 代表操作,具体为:

　　＋:添加某个权限。

　　－:取消某个权限。

　　＝:赋予给定的权限。

mode 代表权限:

　　r:可读。

　　w:可写。

　　x:可执行。

应用实例：

$$chmod\ g+w\ file.\ txt$$

增加同组用户对文件 file. txt 的写权限。

此外，chmod 也可以用数字来表示权限。

句法：chmod n file。

其中 n 为一个数字，表示 User、Group 及 Other 的权限。

每种权限设置都可以用一个数值来代表：r＝4，w＝2，x＝1，-＝0；当这些值被加在一起，它们的总和便使用来设置特定的权限。

例如：

```
-(rw-)      (rw-)      (r--)
  |          |          |
4+2+0     4+2+0     4+0+0
```

所有者的总和为 6，组群的总和为 6，其他人的总和为 4。这个权限设置读作 664。

应用实例：

$$chmod\ 755\ file.\ txt$$

上例即设置文件 file. txt 的权限为-rwxr-xr-x——所有者有读取、写入和执行的权限；组群和其他人只有读取和执行的权限。

第七节　小　　结

本章介绍了十多个可以在 Linux 操作系统中常用的基本命令。知道如何获得帮助（这很重要）和一些对文件及目录的基本操作。这些都是非常重要的技能。在继续学习 Linux 操作系统的过程中，将会反复地用到以上所写的命令，并在这些基础上建立起更复杂和更适用的命令。

第六章　vi 编辑器的使用

第一节　概　　述

vi 是类 UNIX 世界中最通用的全屏编辑器，Linux 系统中使用的是 vi 的增强版 vim，vim 与 vi 完全兼容。它可以执行输出、删除、查找、替换、块操作等众多文本操作，而且用户可以根据自己的需要对其进行定制，这也是其他编辑程序所不具备的功能。

第二节　vi

vi 不是一个排版程序，它不像 NeoShine 文字处理那样可以对字体、格式、段落等其他属性进行编排，它只是一个文本编辑程序。

在 Linux 操作系统命令行上键入 vi 就可进入 vi 的编辑环境。在 vi 中只有命令，而且命令种类繁多，你需要在不断的练习中加以巩固 vi 提供的三种操作模式：命令模式、输入模式和末行模式。进入 vi，用户首先看到的是命令模式。

在命令模式下用户输入的任何字符都会被 vi 当作命令加以解释执行，如果用户打算输入字符时，则首先应将 vi 的工作模式从命令模式切换到输入模式。在命令模式下，按"a"键，即可进入输入模式，并在光标后插入字符；按"i"键，则会在光标前进行插入。在输入模式下，按 Esc 键，即回到命令模式。

在命令模式下输入冒号，便进入末行模式。此时光标会显示在窗口最下面一行的左边（通常也是屏幕的最后一行）显示为一个":"作为末行模式的提示符，等待用户输入命令。大部分编辑操作命令都是在此模式下执行的（如保存文件等操作）。当用户执行完该命令时，vi 自动返回命令模式。

例如：

:1, $ s/A/a/g

该命令将从文件的第一行至文件末行将大写 A 全部替换成小写 a。

vi 编辑器窗口的显示行数与用户所用终端显示器有关，一般的 CRT 显示器可显示 25 行。在 X window 桌面系统中，显示的行数与所运行 vi 的桌面分辨率有关。当然，我们也可以指定显示行数。例如，在能显示 25 行的 CRT 显示器上，让 vi 只显示 15 行。

vi 中的许多操作都要用到行号及行数等数值。若编辑的文件较大时，自己去数是不现实的。因此 vi 提供了显示行号的功能：set nu，这些行号将显示在屏幕的左边，而相应行的内容则显示在行号之后。需要说明的是，这里加的行号只是显示给用户看的，它们并不是文件内容的一部分。如果想关闭行号，可以在命令模式下输入 set nonu。

当用 vi 建立一个新文件时，在进入 vi 的命令中也可以不给出文件名，当编辑完文件需要保存数据时，再由用户指定文件名。

在进入 vi 时，用户不仅可以指定一个待编辑的文件名，而且还有许多附加操作。

如果希望在进入 vi 之后，光标处于文件中特定的某行上，则可在 vi 后加上选项"+n"，其中 n 为指定的行数。例如，键入命令"vi+3 example.txt"后，光标将位于文件 example.txt 中的第三行上。

第三节　vi 常用命令

一、插入命令

1. 插入文本命令

i 命令可以使 vi 进入输入模式并在光标所在字符前插入文本。此时屏幕最下行显示"--INSERT--"（插入）字样，表示 vi 处于插入状态。

例如，有一正在编辑的文件，显示如下：

Welcome to vi world! Come on!

~

~

光标位于第一个"!"上，需在其前面插入：

This is an example!

使用 i 命令，并输入相应文本后，屏幕显示如下：

Welcome to vi world This is an example!! Come on!

~

~

由此例可以看到，光标本来是在第一个"!"处，由于是从光标所在位置前开始插入，所以这个"!"就被挤到了新插入的文本之后。

此外,i 命令还可以在当前行的起始位置插入文本。

2. 替换插入命令

s 命令将删除光标所在字符,并进入输入模式。

S 命令将删除光标所在行,并进入输入模式。

二、光标移动操作

全屏幕文本编辑器中,光标的移动操作无疑是最经常使用的操作了。用户只有熟练地使用移动光标的这些命令,才能迅速准确地到达所期望的位置处进行编辑。

vi 中的光标移动既可以在命令模式下,也可以在文本输入模式下,但操作的方法不尽相同。

(1) 在文本输入模式下可直接使用键盘上的四个方向键移动光标。

(2) 在命令模式下,不但可以使用四个方向键来移动光标,还可以用 h(左)、j(下)、k(上)、l(右)这四个键代替四个方向键来移动光标,这样可以避免由于不同机器上的不同键盘定义所带来的矛盾,而且使用熟练后可以手不离开字母键盘位置就能完成所有操作,从而提高工作效率。

此外,vi 还提供了三个关于光标在全屏幕上移动的命令,它们是 H 命令、M 命令和 L 命令。下面我们就依次进行介绍:

1. H 命令

该命令将光标移至屏幕首行的行首(即左上角),也就是当前屏幕的第一行,而不是整个文件的第一行。利用此命令可以快速将光标移至屏幕顶部。若在 H 命令之前加上数字 n,则将光标移至第 n 行的行首。值得一提的是,使用命令 dH 将会删除从光标当前所在行至所显示屏幕首行的全部内容。

2. M 命令

该命令将光标移至屏幕显示文件的中间行的行首,即如果当前屏幕已经充满,则移动到整个屏幕的中间行;如果尚未充满,则移动到显示文本的中间行。利用此命令可以快速地将光标从屏幕的任意位置移至屏幕显示文件的中间行的行首。同样地,使用命令 dM 将会删除从光标当前所在行至屏幕显示文件的中间行的全部内容。

3. L 命令

当文件显示内容超过一屏时,该命令将光标移至屏幕上的最底行的行首;当文件显示内容不足一屏时,该命令将光标移至文件的最后一行的行首。可见,利用此命令可以快速准确地将光标移至屏幕底部或文件的最后一行。若在 L 命令之前加上数字 n,则将光标移至从屏幕底部算起第 n 行的行首。同样,使用命令 dL 将会删除从光标当前行至屏幕底行的全部内容。

除此以外,针对单词的移动还可以使用 b 命令、e 命令和 w 命令:

b 命令能将光标移动到当前单词的开始;e 命令能将光标移动到当前单词的结尾;w 命令则会将光标移动至下一个单词的字首。

三、编辑命令

编辑过程中大部分的操作都是修改输入的文本。因此,知道如何方便地进行修改就显得很重要。

1. 删除字符命令

删除字符最简单的方式就是使用 x 命令。这个命令将删除光标所在位置的字符,而后面的字符将依次向左移动。如果你删除的是某行最后的一个字符,那么光标将自动向左移动一位。

2. 删除文本命令

d 命令可以删除字符块,它可以与光标移动命令结合来删除指定字符,例如,将光标移动至所要删除单词的字首,输入 dw 命令将删除该单词,还可以在移动命令前添加数字来指定删除数目。例如,d5w 将删除当前光标后的 5 个单词。

最常用的 d 系列命令之一 dd 命令,可以删除光标所在行。和前面类似的命令,5dd 将删除 5 行。

大写形式的 D 用来删除从光标到行尾的整个部分,和 d $ 效果一样。

3. 取消操作命令

u 命令可以取消用户最近进行的操作,它可以恢复用户不慎删除或修改的文本。但只能恢复上一次的操作。

U 命令则可以将当前行恢复为用户开始修改它之前的状态,即使其中经过了多次修改。

4. 修改文本命令

c 命令可以以新文本替换现有文本。新文本在文件中所出现的位置不一定和现有文本的所在位置相同。用户可以将某个单词修改为多个单词,或将某行文本改为多行。

C 命令将替换从光标位置到行末之间的文本内容。

5. 替换文本命令

r 命令只可以对光标所在单个字符进行替换,先按 r 键再输入所要字符,即可用随后输入的一个字符替换当前光标处的字符,完成替换后自动返回命令模式。

R 命令可以进入完全的替换编辑模式,将当前光标之后的字符逐个替换为新输入的文本,直到按下 Esc 键返回命令模式。

6. 搜索文本命令

当在编辑一篇冗长的文章时,搜索命令就显得格外的重要。

在命令模式下输入/keyword,就是对当前整篇文章进行向下搜索,按 n 键前往下一个匹配的 keyword。

在命令模式下输入？keyword,则对当前整篇文章进行向上搜索,按 n 键前往下一个匹配的 keyword。

四、退出 vi

当编辑完文件,准备退出 vi 返回到 shell 时,可以使用以下几种方法之一。

(1) 在命令模式中连按两次大写字母 Z,若当前编辑的文件曾被修改过,则 vi 保存该文件后退出,返回到 shell;若当前编辑的文件没被修改过,则 vi 直接退出,返回到 shell。

(2) 在末行命令模式下输入命令:w,则 vi 将保存当前编辑文件,但不退出,而是继续等待用户输入命令。在使用 w 命令时,可以再给文件起一个新的文件名。

例如:w newfile

此时 vi 将把当前文件的内容保存到指定的 newfile 中,而原有文件保持不变。若 newfile 是一个已存在的文件,则 vi 将在显示窗口的状态行给出提示信息:

File exists（use！to override）

此时,若用户真的希望用文件的当前内容替换 newfile 中的原有内容,可使用命令

:w！newfile

否则可选择另外的文件名来保存当前文件。

（3）在命令模式下,输入命令:q,系统退出,vi 返回到 shell。若再用此命令退出 vi 时,编辑文件没有被保存,则 vi 在显示窗口的最末行显示如下信息:

No write since last change（use！to overrides）

提示用户该文件被修改后没有保存,然后 vi 并不退出,继续等待用户命令。若用户就是不想保存被修改后的文件而要强行退出 vi 时,可使用命令:q!,则 vi 将放弃所作修改而直接退到 shell 下。

（4）在命令模式下输入命令:wq,vi 将先保存文件,然后退出 vi 返回到 shell。

（5）在命令模式下,输入命令:x,该命令的功能与命令模式下的 ZZ 命令功能相同。

第四节　小　结

vi 作为一个在 Linux 系统下广泛使用的文件编辑器,将在以后的学习中不断用到,学习使用 vi 编辑器,将给我们以后的工作带来很大的方便。刚开始学习,你可能会觉得比较烦琐,不要紧,以后真正常用的命令可能就那么几个,多实践一下,很快你就会发现使用 vi 是一件很容易的事情。

第七章　安装软件包

第一节　了解 Linux 应用软件安装包

在 Linux 系统中,软件通常以软件包的方式进行封装。所谓软件包,就是一个文件及文件处理指令的集合。软件包通常包含一个或多个程序,但有时它也只包含文档、窗口管理器主题或其他易用于可安装软件包分发的文件。

软件包通常包括以下信息:包中的文件应该安装在文件系统的什么地方,软件包的依赖关系,安装指令以及基本配置脚本。

我们先来看看 Linux 软件的扩展名。后缀为".tar.gz"的文件是用传统 tar 工具归档压缩的文件;后缀为".rpm"的软件包最为常见,是由 Red Hat 提供的一种包封装格式,目前为大多数 Linux 发行版所采用;而后缀为".deb"的软件包是 Debain 提供的包封装格式;此外,还有".bin"及".jar"等格式。这里,我们就最为常用的 tar 包和 rpm 软件包进行介绍。

大多数的 Linux 应用软件包的命名都遵循一定的规则,这样就可以很容易地从包名中判断该软件的名称、版本号及其使用的平台。

软件包一般的命名规则为:[名称]-[版本]-[修正版]-[类型]。

例如:

(1) gcc-3.3.4-1.tar.gz 意味着:

软件名称:gcc。

版本号:3.3.4。

修正版本:1。

类型:.tar.gz,说明是一个经 gzip 程序压缩过的 tar 包。

(2) gcc-3.3.4-1.i386.rpm 说明:

软件名称:gcc。

版本号:3.3.4。

修正版本：1。

可用平台：i386，适用于 Intel 80x86 平台。

类型：.rpm，说明这是一个 rpm 包。

第二节　源代码和二进制软件包

一个 Linux 应用程序的软件通常以两种方式打包发布：源代码的形式或者是预编译的二进制文件形式。以源代码形式发布的软件包，解开包后，你还需要使用编译器自行将其编译成为可执行文件。而预编译软件，也就是以可执行文件形式发布的软件包，解开软件包之后就可以直接运行了。

对于 Linux 的高级用户来说，自己动手从源代码编译程序更具灵活性，它使程序更适合你的系统需求，但也容易遇到各种问题和困难。相对来说，直接下载那些可执行的程序包，更容易完成软件的安装，虽然这会损失一些灵活性。因此，一个软件通常会提供多种打包格式的安装程序，你可以根据自己的情况来进行选择。

第三节　使用 tar 打包的应用软件

一、安装

以 tar 工具打包的软件在安装时是比较简单的，安装过程可以分为以下几步：

（1）从网络下载或从软件的发行光盘里获得软件的发行包。

（2）使用 tar 工具解包。以 tar 打包的软件，往往会以 gzip、bzip2 等进行压缩，所以在解包时需要解压缩。如果是最常见的 gz 格式，则按"tar-xvzf 软件包名"，就可以一步完成解压与解包工作。例如：

```
# tar -xvzf  gcc-3.3.4-1.tar.gz
```

（3）阅读软件包附带的 INSTALL 文件和 README 文件，获取软件的相关信息。

对于以二进制格式发布的软件包，经过前面的三个步骤之后，就可以应用了。如果是以源代码方式发布的软件，则还需要进行下面的编译步骤：

（4）进入解包之后的目录，执行"./configure"命令，为编译做好关于本地环境的配置。

（5）配置成功之后，执行"make"命令进行软件编译。

（6）编译成功之后，执行"make install"命令完成安装。

（7）最后，执行"make clean"命令删除安装时产生的临时文件。

如果以上的每一步都成功完成，那么你的软件应该可以使用了。

二、卸载

要卸载上面安装的软件，先进入该软件的安装目录，然后执行卸载命令即可：

＃make uninstall

如果有的软件包不提供 uninstall 功能,则必须进行手动删除。因此你需要阅读安装目录里面的 readme 文件,或者在安装的过程中指定安装目录,即在 ./configure 命令后面添加参数--prefix,例如:

＃./configure --prefix＝/usr/local/dir

该命令将把软件安装在/usr/local/路径的 dir 目录里。通常情况下,大多数软件都默认安装在/usr/local 目录里。

第四节　使用 RPM 打包的应用软件

RPM(Red Hat Package Manager)是由 Red Hat 公司开发的,最常见的软件包管理工具。它大大简化了 Linux 平台上软件的发布、安装、卸载和维护工作。用户只需一个命令就可以完成 RPM 软件包的安装,非常简便。

一、安装

如果你已经获得了需要的以 RPM 打包的软件,那么只需要一条命令就可以安装它:

＃rpm-ivh rpm 软件包名

下面是 rpm 命令的一些常用选项说明:

-i	安装软件。
-t	测试安装,不是真的安装。
-p	显示安装进度。
-f	忽略任何错误。
-U	升级安装。
-v	检测套件是否正确安装。
-h	安装时输出 hash 记号("＃")。

这些参数你可以根据需要组合使用。更多的内容可以参考 RPM 命令的手册页。

RPM 会自动检查安装软件所必需的系统环境是否满足,也会自动检查软件的依赖关系。

二、卸载

对于用 RPM 安装的软件包,系统会维护一个数据库,以记录软件包的详细信息,这使得卸载软件包的工作变得非常简单,只需要使用下面这个简单的命令即可。

＃rpm-e 软件名

需要说明的是,卸载时使用的是软件名,而不是软件包名。例如,要安装 gcc-3.3.4-1.i386.rpm 这个包时,应执行:

＃rpm-ivh gcc-3.3.4-1.i386.rpm

卸载时,则应执行:

♯ rpm-e gcc

当然，你还可以在图形界面下找到图形化的 RPM 包管理工具，例如，你可以在 NeoShine Linux 中找到"控制面板"＞"高级"＞"RPM 包管理工具"。这些工具使得整个软件包管理过程更加简单。

第五节　小　　结

本章介绍了 Linux 下的软件包，并着重讲解了 tar 包和 RPM 包的安装方法。掌握了这些知识，你就可以为你的 Linux 操作系统逐步丰富各种应用程序，并进行有效的管理了。

第八章 办公应用

在 Linux 平台上你也可以找到类似于 MS Office 的办公应用软件,例如,开源的 OpenOffice 套件以及针对国内应用进行了许多优化的中标普华 Office 办公套件。这些优秀的软件使得你在 Linux 上的日常办公更加方便。同时,它们也具有比 MS Office 更加优越的兼容性能。

第一节　办公软件的安装

在 Linux 系统的图形界面下安装应用软件和在 Windows 系统中的操作类似。在这里,我们将以中标普华 Office 办公套件为例,简述办公软件的安装方法,其他办公软件的安装方法可以参照此过程。

一、配置要求

对于中标普华 Office,我们推荐以下配置:

(1) Pentium IV 处理器。

(2) 512M 内存。

(3) 中标普华 Linux 操作系统。

(4) 可用硬盘空间 600M。

(5) 1 024×768 或者更高分辨率的显示器。

二、安装

首先将安装光盘放入光驱。通常情况下,大多数的应用软件都会自动启动安装图形界面,例如这里,系统会自动启动中标普华 Office 安装程序,进入"欢迎使用中标普华 Office 安装向导"对话框,接着,你只需按照提示信息,依次操作,即可成功安装。

当然,你也可以手动打开 cdrom,进入对应的 Linux 文件夹(中标普华 Office 同时提供支持 Linux 和 Windows 两个平台的版本),运行其中的 Setup 脚本程序。随即出现"欢迎安装"画面,即可顺利进行安装。

安装完毕,就可以启动使用了。你可以使用"开始"菜单进行启动或双击某个 Office 文档来直接启动中标普华 Office 对应的功能模块。

下面,我们就中标普华 Office 的四大功能模块:文字处理、电子表格、演示文稿及绘图制作的主要应用进行介绍。

第二节 文 字 处 理

中标普华 Office 文字处理用于设计和制作含有文字、图形等对象的字处理文档,并且可以创建非常专业的文档,如小册子、新闻稿和邀请函等。也可以使用文本框、图片、表格以及其他对象来格式化文档。

一、用户界面介绍

打开中标普华 Office 后,你会发现文字处理、电子表格、演示文稿、绘图制作界面基本一致,在不同的应用程序间存在一些差别,例如菜单项和工具栏内容会随着应用程序的不同而有所差异。下面以文字处理的界面为例介绍一下整个用户界面(见图 8-1)。

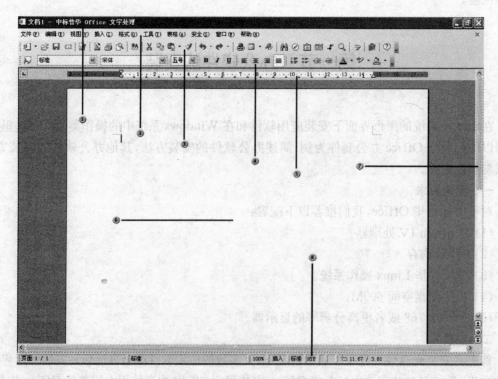

图 8-1　中标普华 Office 用户界面

（1）标题栏:位于中标普华 Office 视窗顶部,从左到右依次显示当前编辑文件的文件名和所使用中标普华 Office 的程序名称。

（2）菜单栏：位于标题栏下方，移动鼠标到其上可打开某项命令。根据基本功能分类管理，如编辑菜单包括剪切、复制、粘贴等命令。

（3）常用工具栏：位于菜单栏下方，显示用户最常用的按钮。

（4）格式工具栏：文字处理中格式工具栏位于常用工具栏下方，包含一些常用的格式化功能。

（5）标尺：文字处理中格式工具栏下方是标尺，位于编辑区的边缘，包括水平标尺和垂直标尺。通过选择"视图"-"标尺"选项，可显示标尺。

（6）编辑区：中标普华 Office 视窗的中间区域为编辑区。在编辑区内创建和编辑文档内容，实现对文字、图片、表格等对象的各种操作。

（7）滚动条：在编辑区的右边缘和下边缘分别是垂直滚动条和水平滚动条。滚动条用于浏览不能全部显示在当前视窗中的文档内容。

（8）状态栏：状态栏位于中标普华 Office 窗口的最下方，分隔成不同栏位显示文档的相应信息。

二、文件操作及格式

1. 打开文件

中标普华 Office 提供了六种打开文件的方法，其中最常用的方法有：双击中标普华 Office 文件来打开文档，通过菜单命令"文件"-"打开..."以及单击"常用工具栏"上的"打开"按钮来打开文件。

2. 自动保存文件

在编辑长文档过程中，为了避免突然断电或死机等情况对文档造成的损失，可以使用文档的自动保存功能，使应用程序每隔一定时间就自动保存当前文档。请选择菜单"工具"-"选项..."-"装载/保存"-"一般"，在"保存"区域选中"自动保存间隔时间"复选框，并在选值框中选择间隔的时间。建议将自动保存间隔时间设为 15 分钟，如果设置的间隔时间过短，会影响系统响应的速度。

3. 使用密码保护文件

如果你要使自己的文档不被其他人随意看到，可以对文档采用密码保护的方式。具体方法是，对文档进行保存时在弹出的"另存为"对话框中选中"使用密码保存"复选框，程序会提醒输入密码，下次打开该文档之前，必须先输入密码。请务必保存好设置的密码，如果忘记了密码，将无法打开该文档。

4. 打开或保存微软 Office 文件

考虑到平台迁移及交叉作业，中标普华 Office 充分考虑了与微软 Office 文档的兼容性，可以方便地打开或保存成微软 Office 文档。

（1）打开 Microsoft Office 文件。选择菜单"文件"-"打开..."，在"打开"对话框中选择 Microsoft Office 文件。

（2）另存为 Microsoft Office 文件。选择菜单"文件"-"另存为..."，在"另存为"对话框的"文件类型"下拉框中选择 Microsoft Office 文件格式。

（3）始终以 Microsoft Office 格式保存文档。选择菜单"工具"-"选项..."-"装载/保存"-"一般"，在"标准文件格式"区域中选择一种文件类型，然后在"自动保存为"框中选择

Microsoft Office 文件类型。当以后保存文件时,保存类型将自动设定为此处选择的保存类型。当然,仍可以在文件保存对话框中选择其他文件类型。

三、有关文字格式的设置

在编辑文档的过程中,不可避免地要设置文字的格式。请执行菜单命令"格式"-"字体..."或文字的右键菜单中的"字体..."命令,在打开的"字体"对话框中设置字体以及字体效果等内容,如图 8-2 所示。

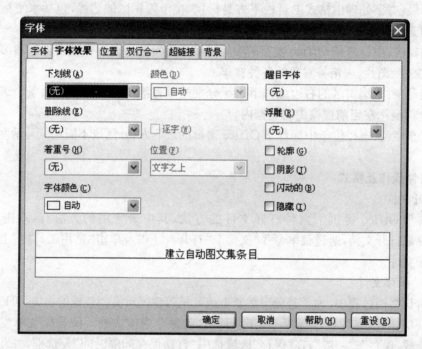

图 8-2 字体格式

在该对话框中,可以对字体的相关格式进行设置、修改,例如下划线、删除线、字体、颜色等。

四、有关段落格式的设置

1. 设置段落对齐方式

如果你想设定段落相对于页边距的对齐方式,可以直接单击"格式工具栏"上的对齐图标,也可以在"段落"对话框中进行设置,如图 8-3 和图 8-4 所示。

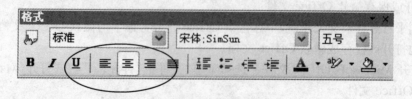

图 8-3 "格式工具栏"上的对齐图标

打开"段落"对话框,单击"对齐"选项卡。在"选项"区域中有四种对齐方式可选:左对齐、右对齐、居中、两端对齐。当段落设定为两端对齐时,还可指定段落最后一行的对齐方式。若

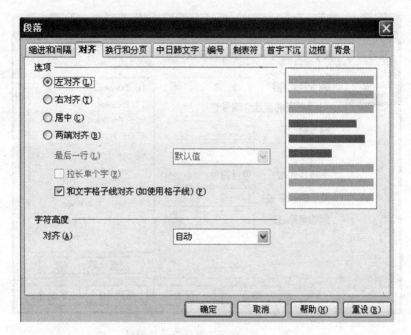

图 8-4 段落格式

最后一行也选择"两端对齐"方式时,则最后一行的字符间距将增大以占据整行的宽度。在"字符高度"区域中,可以为段落中存在过大或过小的字符时设定所有字符的对齐方式,单击"确定"按钮即可。

2.设置段落缩进

打开"段落"对话框的"缩进和间距"选项卡,在"缩进"区域指定左右页边距与段落之间的间隔。缩进分为左缩进、右缩进、首行缩进和自动四种。

3.设置段落间距和行距

打开"段落"对话框的"缩进和间距"选项卡,选定段落或光标所在段落的间距和行距。在"间距"区域中,"段前"框用于设定段落上方留出的间距;"段后"框用于设定段落下方留出的间距。在"行距"区域中,可以选择单倍行距、1.5倍行距、2倍行距,或在"设置值"框中输入行距的最小值、固定值以及自定义行距值。还可以选择"成比例",在"设置值"框中输入百分比数来调整行距,可输入的有效数值为50%~255%。

五、项目符号和编号的使用

1.添加项目符号和编号

项目符号和编号是编辑文档的过程中经常使用的功能。首先将光标置于要加入项目符号或编号的段落,或者选中一个或多个段落。在"格式工具栏"上单击"项目符号"图标或"编号"图标,段落的起始处即插入与前一次样式相同的项目符号或编号,并且编号延续上一个段落的编号。

还可以在段落上单击鼠标右键,选择右键菜单中的"段落…"。在"段落"对话框的"编号"选项卡中可以设置预定义的项目符号和编号。

图 8-5 为自定义项目符号和编号。

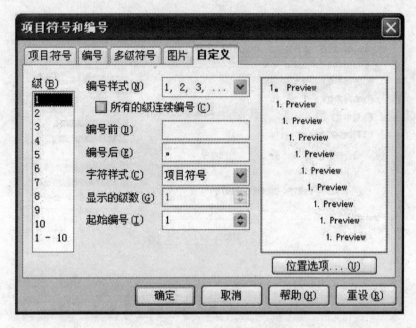

图 8-5 自定义项目符号和编号

2. 删除项目符号和编号

选择带有项目符号或编号的段落,然后单击"格式工具栏"上的"项目符号"或"编号"图标;或者把光标置于一个带项目符号或编号的段落的起始位置,然后按 BackSpace 键。

使用"项目符号和编号工具栏"提供的功能可以更改段落前编号的结构,其中的图标如表 8-1 所示。

表 8-1 各种图标的功能

图标	名 称	功 能
←	向上一级	在项目符号或编号的等级式结构中,将选定的段落上移一级
→	向下一级	在项目符号或编号的等级式结构中,将选定的段落下移一级
⇄	连同分级向上	在项目符号或编号的等级式结构中,将选定的段落及其分级段落提高一个编号级
⇉	连同分级向下	在项目符号或编号的等级式结构中,将选定的段落及其分级段落降低一个编号级
↑	向上移动	将选定的段落移到前一个段落的上方
↓	向下移动	将选定的段落移到后一个段落的下方
⇑	连同分级向上移动	在项目符号或编号的等级式结构中,将选定的段落及其分级段落移到前一个段落的上方
⇓	连同分级向下移动	在项目符号或编号的等级式结构中,将选定的段落及其分级段落移到后一个段落的下方

六、给文档添加页眉和页脚

页眉和页脚是指页面的上边距和下边距中的区域,可以在此处加入文字或图片。在一些技术类文档中经常会在页眉和页脚中注明文档的一些辅助信息,比如:文档的作者、时间、编号、所属部门等。

1. 插入页眉和页脚

在页面中设置页眉页脚,可选择菜单"文件"-"页面设置...","页眉"、"页脚"选项卡下分别选择显示页眉、显示页脚,然后进行设置,如图8-6所示。

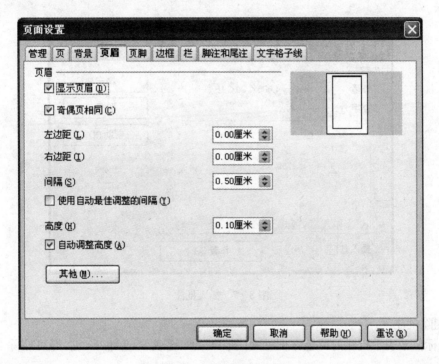

图8-6 设置页眉页脚

要在当前页面中加入页眉,请选择菜单"视图"-"页眉",然后从子菜单中选择当前页面的页面样式。要在当前页面中加入页脚,请选择菜单"视图"-"页脚",然后从子菜单中选择当前页面的页面样式。

也可以选择菜单"文件"-"页面设置...",单击"页眉"或"页脚"选项卡,选中"显示页眉"或"显示页脚",便可在页眉和页脚区域中添加内容。

2. 在页脚中插入页码

如果想在文档的页脚中显示页码,首先选择菜单"视图"-"页脚",然后选择要加入页脚的页面样式;然后将光标置于页脚区域中,选择菜单"插入"-"域"-"页码";最后与对齐文字一样,可以根据需要对齐页码域。通过"格式工具栏"上的对齐图标,可设置左对齐、居中、右对齐和两端对齐方式。

如果希望页脚内容中显示为"第1页共12页",请在页码域前单击,输入"第";在域后单击,输入"页共";然后将当前光标置于"页共"后,选择菜单"插入"-"域"-"页数";再在页数域后输入"页"。

七、批注的使用

批注是作者或审阅者为文档添加的注释。选择菜单"工具"-"选项..."-"字处理文档"-"视图",通过"显示"区域的"批注"复选框,可以控制是否显示文档中的批注标记。

1. 插入批注

将光标置于要插入批注的文本中,选择菜单"插入"-"批注...",打开"插入批注"对话框。在"文字"框中输入要添加的批注内容,单击"作者"按钮,则在批注的文字中加入作者名称缩写、当前日期和时间。单击"确定"按钮,这时文档的当前光标处出现一个黄色的小方框,如图8-7所示。

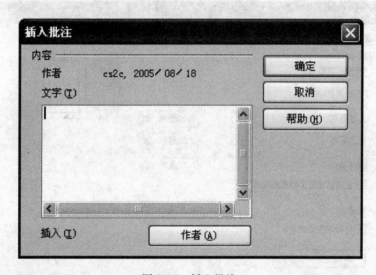

图8-7 插入批注

2. 删除批注

当光标位于表示批注的黄色方框处时,按 Delete 键或 Backspace 键,即可删除当前位置的批注。

八、创建文档目录

在长篇文档中,使用目录可以使读者能够快速清晰地知道文档的主要内容和整体结构。可以在中标普华 Office 字处理文档中插入任意多个预先设定或自定义的目录,例如内容目录、索引目录、文献目录等,在这里仅介绍最常使用的内容目录。

生成内容目录的最佳方式是:对要包括在内容目录的段落,采用预设的标题段落样式,如"标题1"。采用这些样式之后,就可以开始建立内容目录。

(1)将光标置于文档中要建立内容目录的位置。

(2)选择菜单"插入"-"目录"-"目录...",打开"插入目录"对话框(见图8-8)。

(3)单击"目录"选项卡,并在"类型"下拉框中选择"内容目录"。如图8-8所示。

(4)输入目录的标题。

(5)选择"防止手动更改"复选框,防止目录内容被更改。

(6)选择是为文档还是为当前的章建立目录。

(7)输入目录中要包括的级数。

(8)若要使用大纲建立目录,即在目录中加入使用某个预设的标题样式(标题1-10)格式化的段落。请选中"新建采用"区域中的"大纲"复选框,然后单击它旁边的"..."按钮。在"章节编号"对话框中,可以为章节编号指定段落样式。

(9)单击"确定"按钮。

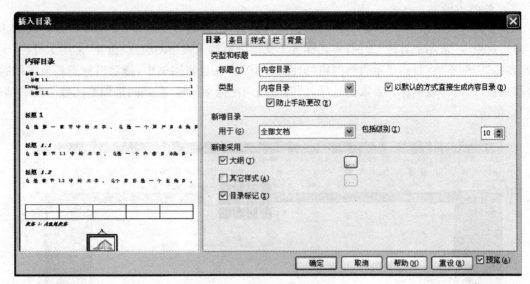

图 8-8 "插入目录"对话框

要更新目录,请执行以下操作之一:

(1)在内容目录中单击鼠标右键,然后选择右键菜单中的"更新目录/表格"。

(2)选择菜单"工具"-"刷新"-"当前的目录"/"全部的目录"。

九、表格处理

中标普华 Office 文字处理提供的表格处理功能,可以井井有条地管理各种繁杂的数据。表格由不同行列的单元格组成,可以在单元格中添加文字和插入图片等,以用于组织和显示信息。

1. 绘制表格

如果想在文字处理中绘制表格,首先选择菜单"表格"-"绘制表格"。这时鼠标指针变为笔形,同时弹出"表格对象栏"(见图 8-9),其中"绘制表格"图标为选中状态。单击

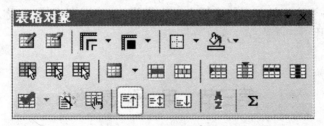

图 8-9 表格对象栏

要创建表格的并拖动鼠标位置,先绘制一个矩形,以确定表格的外围边框。然后在矩形内拖动鼠标可插入表格的行或列,可以创建不同高度的单元格,或使各行具有不同的列数。要清除一条或一组框线,请单击"表格对象栏"上的"擦除表格"图标,这时鼠标指针

变为橡皮擦形,在要擦除的线条上单击即可。表格绘制完毕后,取消"表格对象栏"上"绘制表格"或"擦除表格"图标的选中状态,鼠标指针恢复原状,然后在表格中单击,便可键入文字或插入图片了。

　　2. 插入表格

　　有多种方式可以在字处理文档中插入表格,例如,可以通过工具栏、菜单命令等方式插入表格。这里以"常用工具栏"为例,将光标置于文档中要插入表格的位置,按住"常用工具栏"上的"表格"图标不放,直到显示表格网格(见图 8-10)。在表格网格中,拖动鼠标选择所需的行数和列数,然后释放鼠标。要取消选择,请向上或向左拖动鼠标,直到网格预览区域中显示"取消"后单击。

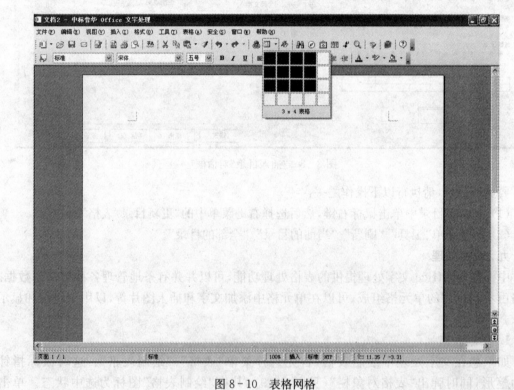

图 8-10　表格网格

　　注意:还可在一个表格的单元格中插入一个表格,创建嵌套表格,也称之为表中表。可在表中插入文字和图片。

第三节　电 子 表 格

　　中标普华 Office 电子表格是一种以工作表为核心的应用程序,除提供基本的电子表格处理功能外,还提供了所有必要的高级功能,如计算、分析和数据管理等,同时还可用于打开和编辑 Microsoft Excel 工作簿。

一、电子表格的界面介绍

电子表格界面如图 8-11 所示。

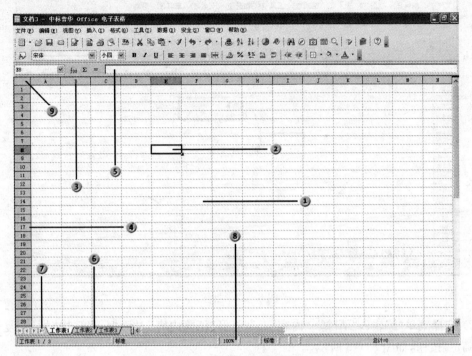

图 8-11 电子表格界面

① 工作表编辑区域   ② 单元格
③ 列标题   ④ 行标题
⑤ 编辑栏   ⑥ 工作表标签
⑦ 工作表切换按钮   ⑧ 状态栏
⑨ 工作表全选框

二、工作表中的批注

1. 插入批注

工作表中插入批注与在文字处理中插入批注的方式基本一致。首先选择需要插入批注的单元格,然后选择菜单"插入"-"批注"。此时显示一个黄色的矩形框,可以在其中输入批注文字,输入完毕该矩形框消失。含有批注的单元格是通过单元格右上角的红色小正方形(批注标记)表示的。当鼠标指针位于含有批注的单元格上时,会自动显示批注的内容,但此时不能编辑批注(见图 8-12)。

2. 编辑批注

编辑批注的方法非常简单,选择要编辑、批注的单元格,再选择右键菜单的"显示批注",于是该单元格的批注一直显示在屏幕上,双击该批注,然后编辑批注文字。

3. 删除批注

要删除单元格的批注,请执行以下操作之一:

(1) 当单元格的批注处于编辑状态时,删除全部的批注文字,该单元格的批注也随之消失。

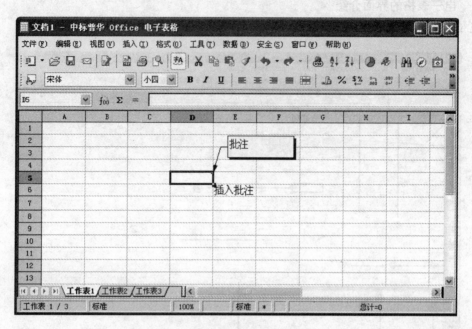

图 8-12   批注

（2）选择菜单"编辑"-"清除"-"内容..."，打开"清除内容"对话框，只选中"批注"复选框，单击"确定"按钮，如图 8-13 所示。

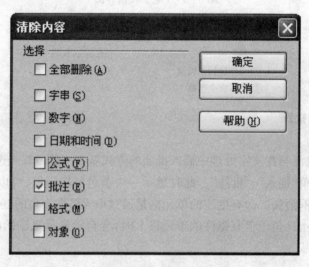

图 8-13   删除批注

三、单元格的格式化

1. 单元格的字体设置

设置单元格字体，首先选择需要设置字体的单元格或单元格区域，然后再选择菜单"格式"-"单元格..."，或选择右键菜单的"设置单元格格式..."，打开"单元格格式"对话框。单击"字体"和"字体效果"选项卡，在其中选择需要的设置，如图 8-14 所示。

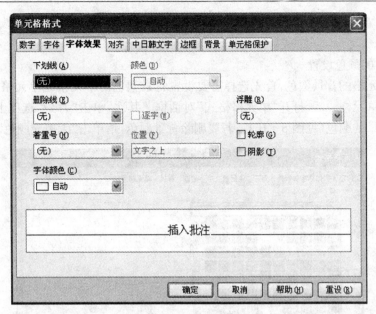

图 8-14 单元格字体效果

如果要修改单元格中部分字体的设置,需要使用"工作表对象栏"上的图标:

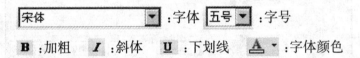

2. 单元格的边框设置

为选定的单元格设置边框属性,也可以指定边框的颜色和样式。首先选择要设置边框的单元格或单元格区域,然后再选择菜单"格式"-"单元格...",打开"单元格格式"对话框。单击"边框"选项卡,在其中选择需要的边框样式设置,如图 8-15 所示。

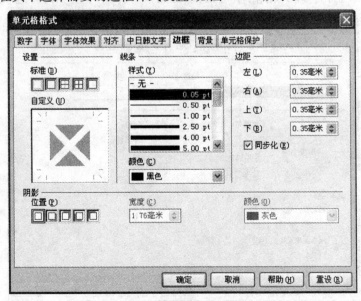

图 8-15 单元格边框

此时单击"确定"按钮,关闭对话框。如果你单击"重设"按钮,则将本次修改的设置恢复为修改前的设置。

3. 单元格的颜色设置

要设置单元格的背景颜色,首先选择需要设置背景颜色的单元格或单元格区域。再选择菜单"格式"-"单元格...",打开"单元格格式"对话框。其次,单击"背景"选项卡,在其中单击选择要用作背景的颜色(见图 8-16)。若要删除背景颜色,请单击"无填充颜色"按钮。

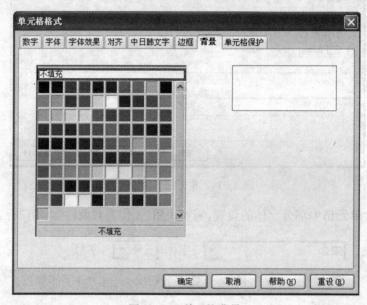

图 8-16　单元格背景

4. 数据的对齐方式

如果需要进行数据对齐的操作,则选择菜单"格式"-"单元格...",或选择右键菜单的"设置单元格格式...",打开"单元格格式"对话框(见图 8-17)。单击"对齐"选项卡,在其中选择

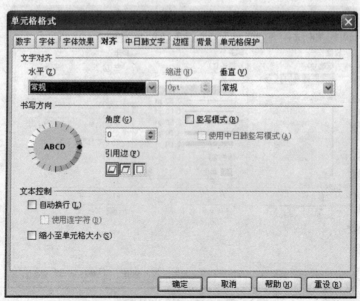

图 8-17　单元格对齐

需要的设置：

(1) 水平对齐。

(2) 垂直对齐。

5. 文本的对齐方式

文本控制选项用来控制单元格中文本的显示模式：自动换行、缩小字体填充。选择菜单"格式"-"单元格..."，打开"单元格格式"对话框。单击"对齐"选项卡，在"文本控制"区域中选择：

(1) 自动换行：根据单元格的列宽自动将文本换行。

(2) 使用连字符：换行时是否使用连字符。

(3) 缩小至单元格大小：缩小文本显示比例以适应当前单元格的列宽。

然后选择相应的选项之后，单击"确定"按钮就可以完成上述操作。

四、公式和函数

公式是用数学方法表达数值之间的关系和作用。

函数是一些预定义的公式，通过使用一些称为参数的特定数值来按特定的顺序或结构执行计算。函数可以简化和缩短工作表中的公式，尤其在用公式执行很长或复杂的计算时。

1. 公式的创建和编辑

中标普华 Office 电子表格中的公式通常以等号（＝）开始，用于表明之后的字符串是公式。紧随等号之后的是需要进行计算的元素（操作数），各操作数之间以运算符分隔。公式按特定的优先级计算数值。

1) 创建简单公式

示例：＝12＋34

(1) 单击需要输入公式的单元格。

(2) 输入等号（＝），或单击"编辑栏"上的"函数"图标：＝。

(3) 输入公式。公式输入完毕后按 Enter 键，或单击"编辑栏"上的"输入"图标 ✓ 。如果要取消输入的公式，请单击"编辑栏"上的"取消"图标 ✗ 。

2) 创建包含引用的公式（见表 8 - 2）

表 8 - 2　包含引用的公式

示　　例	说　　明
＝A1	引用单元格 A1 中的值
＝工作表 1.A1	引用工作表 1 上单元格 A1 中的值
＝工资－税费	名称为"工资"的单元格中的值减去名称为"税费"的单元格中的值

(1) 单击需要输入公式的单元格。

(2) 输入等号（＝），或单击"编辑栏"上的"插入函数"图标：＝。

(3) 执行下列操作之一：

① 要引用某个单元格，请直接用鼠标选择该单元格，可以是另一个工作表或工作簿中的

单元格。

② 要引用单元格名称,请选择菜单"插入"–"名称"–"粘贴..."打开"粘贴名称"对话框,在其中选择需要的名称,然后单击"确定"按钮。

③ 公式输入完毕,按 Enter 键,或单击"编辑栏"上的"输入"图标 ✔ 。如果要取消输入的公式,请单击"编辑栏"上的"取消"图标 ✖ 。

3) 创建包含函数的公式(见表 8 - 3)

表 8 - 3 包含函数的公式示例

示　例	说　明
＝SUM(A1:B5)	将 A1:B5 区域中所有单元格的数值相加
＝ AVERAGE（SUM（A1：A5）；SUM(B1:B5))	计算 A1:A5 区域中所有单元格数值之和与 B1:B5 区域中所有单元格数值之和的平均值(嵌套函数)

(1) 单击需要输入公式的单元格。

(2) 输入等号(＝),或单击"编辑栏"上的"插入函数"图标: ＝ 。

(3) 单击"编辑栏"上的"函数向导"图标 f(x) ,打开"函数向导"对话框,如图 8 - 18 所示。

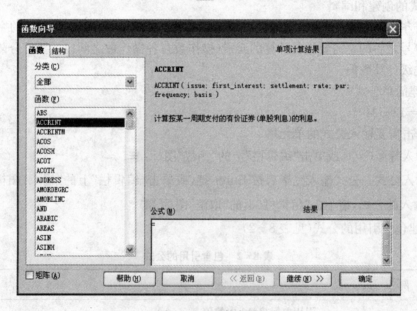

图 8 - 18 函数向导

(4) 单击"函数"选项卡,在"函数"列表中选择需要的函数,双击鼠标,然后在参数框中依次输入参数。

① 若要将单元格引用作为参数输入,请单击"缩小"按钮 以便于选取单元格。在工作表上选择单元格后,单击"放大"按钮 ,恢复对话框。"结果"框中显示当前结果。如果参数有错,框中会显示错误码。

② 若要将其他函数作为参数输入(嵌套函数),请在参数框中输入所需函数;或单击参数

输入框左边的"函数"按钮 f_x ，重复前面的步骤选择需要的函数。在"公式"框中单击输入的公式名,可以在各公式之间切换。

五、图表

1. 图表的组成

使用图表可以使显示的数据更加直观,便于查看数据的差异和变化趋势。而且当工作表数据改变的时候,图表也会自动更新,如图8-19所示。

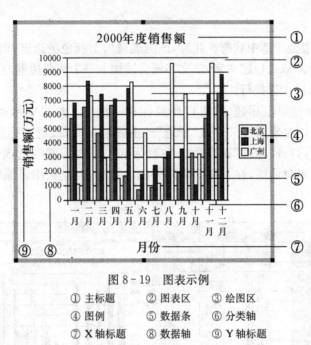

图8-19 图表示例

① 主标题　　② 图表区　　③ 绘图区
④ 图例　　　⑤ 数据条　　⑥ 分类轴
⑦ X轴标题　⑧ 数据轴　　⑨ Y轴标题

表8-4列出了中标普华Office提供的图表类型。

表8-4 图表类型

图表类型	说明
折线图	用于绘制连续数据
面积图	显示各数值随数据分类的变化趋势
柱形图	用于显示离散的数据,可以显示任意多个数据列
条形图	它的分类标签容易被看见,能够从左到右互相堆叠
饼图	用于显示每一个数值相对于总数值的大小
XY散点图	用于比较两个变量之间的直接关系
雷达图	显示数值相对于中心点的变化规律
股价图	用于显示股票价格信息

2. 建立图表

打开一个现有的工作簿,或者新建一个工作簿并往工作表中输入带有行标题和列标题的相关数据。选择数据区域,注意要连同标题一起选择。单击"主工具栏"上的"插入对象"图标,在弹出的浮动工具栏中单击"插入图表"图标,这时光标就会变成一个带有图表图案的十字型。在工作表中拖动鼠标,拉出一个确定图表位置和大小的矩形框。图表的大小和位置以后可以更改。释放鼠标键,打开"图表"向导对话框,按照对话框的指示,逐步输入需要的条目。也可以在第一步直接单击"完成"按钮,建立具有默认设定的图表。建立图表后,双击选中图表,将光标置于数据条上某一点时,会显示该点的数值信息,该提示信息在持续显示数秒后消失。

3. 编辑图表

双击图表,使图表处于选中状态。此时,该图表被加上灰色的边框,而"格式"菜单栏显示编辑图表对象的命令。双击标题文字,该文字便会被加上一个灰色边框,直接在其中输入需要的标题即可。按回车键可以换行。

如果不是双击而是单击标题,则可以用鼠标移动标题。如果要修改主标题的格式,请选择"格式"菜单下的"对象属性..."或"标题"-"主标题...",或单击标题后,在右键菜单中选择"对象属性...",打开"标题"对话框。在对话框中选择需要的选项卡,进行所需更改。单击"确定"按钮,关闭对话框,在工作图表以外的区域单击,结束图表编辑状态,如图 8 - 20所示。

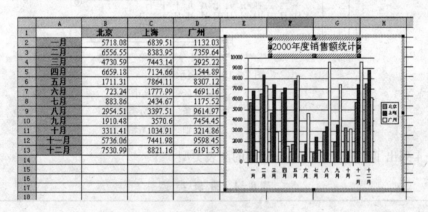

图 8 - 20　编辑图表标题

第四节　演　示　文　稿

中标普华 Office 演示文稿可以利用文字、图片、表格和各种多媒体文件来创建幻灯片,以组成一个条理清晰、生动形象的演示文稿。在设计演示文稿的时候,可以使用多种处理手段,例如用于对象定位的坐标线、对象与自定义网格自动对齐、显示比例效果以及动画效果。

一、演示文稿的界面介绍

图 8 - 21 为中标普华 Office 演示文稿。

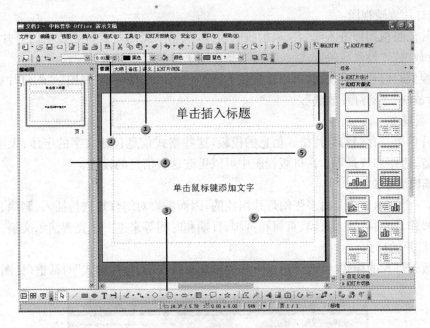

图 8-21　中标普华 Office 演示文稿
1. 常用工具栏　2. 绘图对象栏　3. 主工具栏　4. 缩略图窗格
5. 工作区域　6. 任务窗格　7. 幻灯片工具栏

二、工作视图

工作视图是指在工作区域编辑和显示文档的模式。中标普华 Office 演示文稿中提供了八种视图方式：普通视图、大纲视图、备注视图、幻灯片浏览视图、幻灯片放映视图、幻灯片母版视图、备注母版视图和讲义母版视图。可以根据不同的需要选择适合的视图方式。

1. 普通视图

在普通视图中建立和编辑幻灯片。要切换到普通视图，可以选择菜单"视图"-"普通"，或者单击工作区域顶端的"普通"标签。

2. 大纲视图

在大纲视图中可以重新对幻灯片进行排序，并对幻灯片的文字内容进行编辑。

要切换到大纲视图，可以选择菜单"视图"-"大纲"，或者单击工作区域顶端的"大纲"标签。

3. 备注视图

在备注视图中向幻灯片加入备注，放映演示文稿时备注不可见。

要切换到备注视图，可以选择菜单"视图"-"备注页"，或者单击工作区域顶端的"备注"标签。

4. 幻灯片浏览视图

在幻灯片浏览视图中以缩略图的形式显示幻灯片，可以重新排列、删除、显示或隐藏幻灯片以及更改幻灯片效果。

要切换到幻灯片浏览视图，可以选择菜单"视图"-"幻灯片浏览"，或者单击工作区域顶端的"幻灯片浏览"标签。

5. 幻灯片放映视图

幻灯片放映视图即进入演示文稿的放映模式,从第一张幻灯片开始放映幻灯片。通过菜单"幻灯片放映"-"设置放映方式...",可以指定用于放映幻灯片的各种设定。

要切换到幻灯片放映视图,可以直接按 F5 键,也可以选择菜单"视图"-"幻灯片放映"或菜单"幻灯片放映"-"幻灯片放映"。

6. 母版视图

幻灯片母版是存储幻灯片格式信息的模板,这些格式信息包括文字的字体、大小、占位符大小和位置、边距和背景等。在母版视图中可以更改这些信息的设置。

三、编辑演示文稿

通常,一个演示文稿是由多张幻灯片组成的,因而需要对幻灯片进行插入、删除、复制和移动及其他操作,同时可插入页码、页眉和页脚、日期和时间等来进一步完善演示文稿。

1. 幻灯片的样式

要更改幻灯片的样式,可以采用以下几种方法来打开"幻灯片样式"对话框(见图 8-22)。

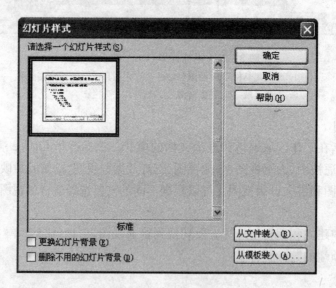

图 8-22 幻灯片样式

(1) 选择菜单"格式"-"幻灯片样式..."。

(2) 单击"幻灯片工具栏"中的"幻灯片样式"图标。

(3) 在工作区域中单击鼠标右键,选择右键菜单中的"幻灯片"-"幻灯片样式..."。

在"幻灯片样式"对话框中,可以为当前幻灯片选择样式方案。在样式列表框中选择一种幻灯片样式。此时单击"确定"按钮,当前幻灯片便采用此样式。

(1) 要采用自定义的幻灯片样式,则单击"从文件装入..."按钮。定位到包含自定义样式的文件后,单击"打开"按钮即可。

(2) 要采用中标普华 Office 提供的其他幻灯片样式,则单击"从模板装入..."按钮,打开"装入模板"对话框。

在"分类"列表框中,选择"演示文稿"或"演示文稿背景"分类,然后在"样式"列表框中选择含有要采用的设计样式。要预览样式,请单击"附加"按钮,并选中"预览"复选框。在预览框的右侧是对该样式的标题、主题、关键字等信息的说明。在"幻灯片样式"对话框中选择某个样式,单击"确定"按钮。

2. 幻灯片的版式

通常需要在幻灯片中插入表格、图片以及其他对象,或改变各对象在幻灯片中的布局,这些都可以通过更改幻灯片版式来实现。更改选定幻灯片的版式,可能会改变文字的排版,但不会影响图形元素。

先选择要更改版式的幻灯片,通过以下几种方法来打开"幻灯片版式"对话框:

(1) 选择菜单"格式"-"幻灯片版式..."。

(2) 单击"幻灯片工具栏"中的"幻灯片版式"图标。

(3) 在工作区域中单击鼠标右键,选择右键菜单中的"幻灯片"-"幻灯片版式..."。

四、演示文稿中的动画效果

动作设置用于指定在放映幻灯片的过程中单击选定对象后将执行的操作。可以为幻灯片中的文字、图片、图表、文本框、域指令、绘图对象以及其他各种对象指定动作,也可以为单个对象或组合后的对象指定动作。

首先切换至普通视图,选择一个或多个对象。选择菜单"幻灯片放映"-"动作设置..."或右键菜单中的"动作设置...",或单击"主工具栏"上的"动作设置"图标,打开"动作设置"对话框(见图8-23)。在"单击鼠标时执行的动作"下拉框中单击选定对象后将执行的操作。

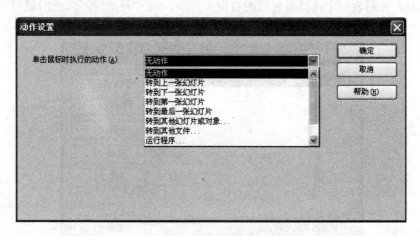

图8-23 动作设置

五、幻灯片的放映

要从第一页开始放映幻灯片,请执行以下操作之一:

(1) 按 F5 键。

(2) 选择菜单"幻灯片放映"-"幻灯片放映"。

(3) 选择菜单"视图"-"幻灯片放映"。

要从当前幻灯片开始放映,请执行以下操作之一:

(1) 按 Shift+F5 键。

(2) 单击程序窗口左下角的"从当前页开始幻灯片放映"图标(见图8-24)。

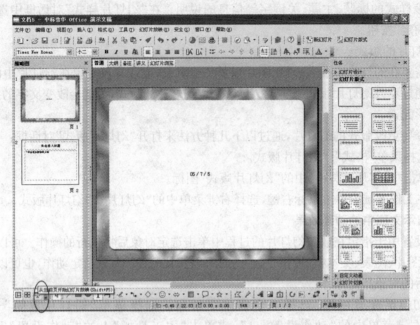

图 8-24　从当前页开始放映

要开始自定义放映,选择菜单"幻灯片放映"-"自定义放映..."，打开"自定义放映"对话框
(见图 8-25)。在列表框中选择要放映的自定义放映,单击"开始"按钮,此时就可以进行自定
义的播放。

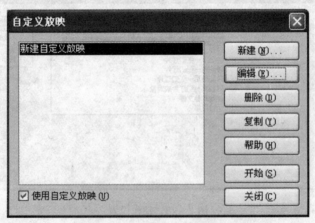

图 8-25　开始自定义放映

第五节　绘 图 制 作

使用中标普华 Office 绘图制作,可以建立简单或复杂的绘图,并可以将这些绘图以常用
的图像格式输出,还可以在绘图中插入由中标普华 Office 程序建立的表格、图表、公式以及其

他项。

中标普华 Office 可以进行制作矢量图形、三维对象、网格线和坐标线、连接对象以显示关系以及显示尺寸等操作。

（1）矢量图形。中标普华 Office 绘图制作使用数学矢量定义的直线和曲线来建立矢量图形，而矢量是根据图形的几何形状来定义线条、椭圆和多边形的。

（2）制作三维对象。在中标普华 Office 绘图制作中，可以建立简单的 3 维对象（如立方体、球体和圆柱体），并可以更改这些对象的光源。

（3）网格线和坐标线。在绘图中对齐对象时，网格线和坐标线可以提供视觉提示。可以参照网格线、坐标线或其他对象的边缘来对齐对象。

（4）连接对象以显示关系。在中标普华 Office 绘图制作中，还可以使用一种称作"连接符"的特殊线条来连接对象以显示对象之间的关系。连接符与绘图对象上的粘结点相连，且当你移动连接对象时这种连接关系依然保持不变。在建立组织结构图和技术图表时，连接符非常有用。

（5）显示尺寸。技术图表通常显示绘图中对象的尺寸。在中标普华 Office 绘图制作中，你可以使用尺寸线计算和显示线性尺寸。

一、对象操作

1. 对象排序

文档中插入的每个对象都与其前一个对象重叠。通过单击鼠标右键并选择"排序"选项，或打开"叠放次序"浮动工具栏，可以调整选定对象的重叠顺序。

选择想要重新排序的对象，右击对象，在右键菜单中选择"排序"下的任一子项："移动到最上面"、"上移一层"、"下移一层"、"移到底部"、"在对象之前"、"在对象之后"，此时就进行了对象的排序操作。

2. 将选定对象排到某个对象之后

如果想将选定的对象排在某个对象之后，首先选择想要重新排序的对象，右击对象并选择"排序"-"在对象之后"选项，鼠标指针将变为手形，然后单击要将选定对象排在其后的对象即可。

3. 更改两个对象的排列次序

按住 Shift 键并单击以选择两个对象，点击右键并选择"排序"-"相反"，此时可以更改两个对象的排列次序。

4. 对齐对象

借助鼠标，能够将对象拖拉至文档中任意的一个位置。如果想将一个对象置于页面上方边缘处，或两个对象上下互相垂直居中排列，那么使用浮动工具栏"对齐"中的图标。

选中一个对象后，点击浮动工具栏或右键中"对齐"的图标。你便可将这个对象与页面上任意边缘对齐。如果同时选中了两个或两个以上的对象，那么这些对象将互相对齐。

5. 分布对象

对齐功能中的一个特殊方式是分布对象。同时标记三个或者更多对象之后，便可启动菜单命令"分布"。在中标普华 Office 演示文稿和中标普华 Office 绘图制作中，可以在右键菜单中找到这个命令，在中标普华 Office 绘图制作中还可以在菜单命令"修改"的子菜单中找到这个命令。

选择三个或三个以上需要进行分布的对象,点击鼠标右键选择菜单命令"分布",选择水平或垂直分布,点击"确定"按钮。

分布标记对象的目的是,让对象之间的边线距离或中心点之间距离相等。在分布对象时,以水平方向或垂直方向距离最大的两个对象作为不可移动的固定点。借助这个分布功能,可以移动位于这两个最外方位置对象之间的对象。

二、自定义颜色

如果你想自己设置颜色,选择右键菜单"填充样式...",打开"填充样式"对话框,然后选择"颜色"选项卡,系统将显示预定义的颜色表。新增颜色时最好首先从颜色表中选取一个相近的颜色,这个颜色总是显示在预视栏的上方视窗中以供比较。然后在列表框中选定一个颜色,根据它自定义一个新的颜色。列表框内默认的颜色类型为 RGB 和 CMYK。

(1) RGB 颜色模型混合了红色、绿色和蓝色光,用来建立计算机屏幕上的颜色。在 RGB 模型中,这三种颜色成分是叠加的,并且可以被设定为从 0(黑色)到 255(白色)之间的值。

(2) CMYK 颜色模型组合了蓝绿色(C)、紫红色(M)、黄色(Y)和黑色(K,也是"Key"的缩写),用来建立用于打印的颜色。CMYK 模型的四种颜色是递减的,由百分比来定义。黑色对应 100%,白色对应 0%。

借助微调按钮,单击小三角或直接输入数值,你就能够自己设定颜色所占的份额。在预视栏下方的视窗中你能够立即见到更改后的效果。你既可以用新配置的颜色来代替源颜色,又可以自定义新配置的颜色。如果你想用新配置的颜色来代替预视栏上方视窗中显示的现有颜色,请单击对话框中的"更改"按钮(注意:您必须事先自定义新配置的颜色)。

(1) 如果要替换自定义颜色所基于的标准颜色表中的颜色,请单击"更改"按钮。

(2) 自己新配置颜色时,必须首先在"名称"栏处输入颜色的名称,然后单击对话框中的"新增"按钮和"确定"按钮。

三、三维文字

1. 转换成为三维文字

使用"主工具栏"的"选择"工具,在要转换为 3 维的文字对象周围拖动选择框。右击并选择菜单"转换"-"变成 3 维",文字对象将转换为 3 维文字对象。

2. 旋转 3 维文字

选择要旋转的 3 维对象,再次单击 3 维对象,使角上的控点显示为红色。也可以从"主工具栏"打开"效果"浮动工具栏,并单击"旋转"图标(在中标普华 Office 绘图制作中),或者在"主工具栏"上单击"旋转"图标(在中标普华 Office 演示文稿中)来达到相同的效果。将鼠标指针移到角上的控制点,以使鼠标指针变为旋转符号,拖动控制点以旋转对象。按 Shift 键并拖动,将使旋转限制为以水平轴或垂直轴进行旋转。

可以任意移动以小圆圈表示的旋转点,这样,以后旋转时三维物体就会围绕移动后的新旋转点旋转。

第六节 小 结

　　本章以中标普华 Office 办公套件为例,讲述了办公软件的安装和配置方法,介绍了中标普华 Office 办公套件中的文字处理、电子表格处理、演示文稿和绘图制作等基本模块的使用。其他办公软件的安装和使用也很类似。它能帮助你方便地在 Linux 平台上进行各种日常办公。

第九章 网络应用

诞生于网络的 Linux 当然离不开网络。Linux 系统上有很多优秀的网络应用工具,能够让你畅通无阻地进行信息浏览、网络办公、即时通信等活动。本章将介绍几个常用的网络工具。

第一节 Internet 的浏览

Mozilla 是一种功能强大的跨平台浏览器,它支持 Java plugin、Flash plugin、PDF plugin、Animation plugin 及 Office plugin 等,使网页的显示更生动和丰富。同时,它还支持 HTTPS(安全超文本传输协议)站点的访问,使你可以自由安全地使用网上银行而不会受到浏览和操作的安全限制。其界面同你习惯使用的其他网页浏览器很类似,你可以无需任何更深入的了解即可通过它轻松漫游 Internet。此外,它集成了多种功能。Mozilla 在一个功能强大的应用程序套件中提供了企业功能性,使你可以执行以下操作:

(1)在互联网上冲浪。
(2)与同事通信。
(3)参加讨论组。
(4)创建动态网页。

表 9-1 列出了 Mozilla 的功能和优点。

表 9-1 Mozilla 的功能和优点

功 能	优 点
功能强大的浏览功能	合理而有效的浏览功能提高了工作效率
高级的浏览和过滤功能	通过管理接收的邮件和将接收的邮件定向到你要放置它们的位置,可以节省时间。快速、高效的合理化搜索和更安全的隐私

（续表）

功　能	优　点
高级 JavaScript 控件	使你可以单击几次，就可将在撰写器中创建的 Web 文档保存和发布到你选择的服务器上
选项卡式浏览	你可以在单个浏览器窗口中查看选项卡式页面上的多个站点

一、如何使用 Mozilla 登陆和浏览 Internet

打开 Mozilla 的方法：点击面板上 Mozilla 浏览器的图标，或依次选择"启动→应用程序→网络→Web 浏览器"选项，进入"Mozilla 浏览器的主窗口"，如图 9-1 所示。

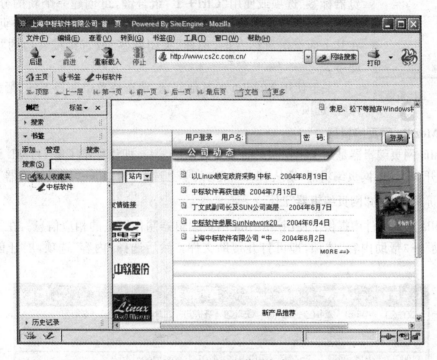

图 9-1　Mozilla 浏览器主窗口

二、使用 Mozilla

Mozilla 同其他浏览器的运行方式类似，同样具有标准的导航条（见图 9-2）、按钮和菜单。在浏览器窗口的上部有地址栏，用于输入所要访问网站的名称或地址。

图 9-2　Mozilla 导航条

图 9-3　工具条侧栏

窗口左侧可显示包含一些其他功能的工具条,如搜索、书签等(见图 9-3)。

此外,"**私人收藏夹**"提供个性化的定制以帮助快速访问你常用的主页,它能够分类保存多个网址而不必每次都重新输入。如需将某个地址保存在私人工具栏,用鼠标左键选中地址栏中位于 URL 旁边的图标并直接将其拖入私人工具栏或相应的目录即可。你可以从相应的功能图标或下拉菜单中访问私人工具栏。

Mozilla 提供分页标签功能,使你可在一个窗口中同时浏览多个网页,而不必打开多个独立的窗口。通过选择"**文件**"→"**新建**"→"**浏览器标签**"选项或使用"**Ctrl＋T**"组合键,可创建一个新的分页标签,标签之间通过鼠标的点击进行自由切换。如需关闭某个分页标签,可在其上面点击鼠标右键,选择"**关闭标签**"或直接按右边的"**×**"按钮即可。

关于使用 Mozilla 的其他问题,请选择菜单面板上的"**帮助→帮助内容**"选项。

三、Mozilla 网页编辑器

Mozilla 网页编辑器是用于制作网页的工具(见图 9-4),即使你不了解 HTML 语言也没关系。打开 Mozilla 网页编辑器,请从 Mozilla 主菜单上选择"**窗口**"→"**网页编辑器**"选项,或直接点击屏幕左下的"**网页编辑器**"图标: 　。

Mozilla 帮助文件中提供了使用 Mozilla 网页编辑器制作网页的相应信息。在主菜单中选择"**帮助**"→"**帮助内容**"选项,即可打开帮助文件。然后选择"**内容**"选项,展开**创建网页**菜单。

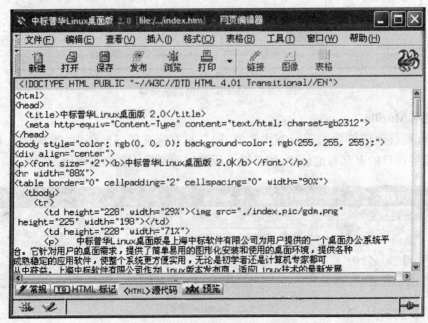

图 9-4　网页编辑器

四、浏览器快捷键

表9-2列出了Mozilla常用的一些快捷键,可以帮助你更方便地浏览网页。

表9-2 Mozilla常用的一些快捷键

快 捷 键	描 述
Ctrl+T	在浏览器窗口中打开一个新标签,以实现多重网页浏览
Ctrl+N	打开一个新浏览器窗口
Ctrl+L	将鼠标指针移至地址栏
Ctrl+P	打印当前正显示的网页或文档
Alt+→	前进页面
Alt+←	后退页面
Ctrl+R	刷新当前页面
Ctrl+H	打开浏览的历史记录
Ctrl+F	在页面中查找关键字

第二节 配置 Internet 电子邮件

一、使用 Evolution 设置助手

当你首次启动 Evolution 时,就会显示"Evolution 设置助手"。"Evolution 设置助手"会一步步地指导你完成 Evolution 的初始配置过程。在初始配置过程中,你将执行以下操作:

(1) 标识。

(2) 接收邮件。

(3) 发送邮件。

(4) 账号管理。

(5) 选择时区。

"Evolution 设置助手"会显示你输入配置信息的各个页面。第一页显示欢迎消息。要开始 Evolution 的初始配置过程,请单击"欢迎"页上的"前进"按钮,如图 9-5 所示。

以下各部分将介绍在"Evolution 设置助手"中需要输入的信息。如果无法确定要输入的信息,请与你的系统管理员联系。

1. 输入标识信息

在"Evolution 设置助手"的"标识"页输入你的标识信息(见图 9-6)。表 9-3 列出了你可以配置的标识设置。输入完标识信息后,请单击"前进"按钮。

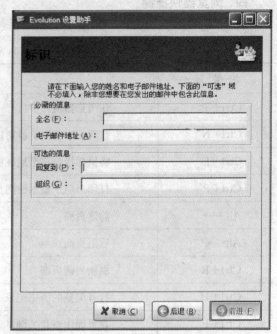

图 9-5 Evolution 账号助手　　　　　　图 9-6 输入标识信息

表 9-3 标识设置

元　素	说　明
全　名	在文本框中输入你的全名
电子邮件地址	在文本框中输入你的电子邮件地址
回　复　到	可选。在文本框中输入向你发送回复邮件时使用的收件人电子邮件地址。当某人回复你的邮件时,回复邮件就发往该地址。如果不在此文本框中输入地址,那么回复到文本框中的地址会被当作你的回复地址
组　织	可选。输入你工作的组织机构名称

2. 配置接收电子邮件的邮件服务器

在"**Evolution 设置助手**"的"**接收邮件**"第一页中选择你的接收邮件服务器信息。

Evolution 能以多种方式接收电子邮件。从"**服务器类型**"下拉列表中选择要接收电子邮件的服务器类型。选择以下选项之一:

(1) IMAP:Internet 邮件访问协议(IMAP)服务器接收和存储你的邮件。当你登录 IMAP 服务器时,可以查看邮件的标题信息,可以打开要阅读的邮件,也可以在 IMAP 服务器上创建和使用文件夹。

如果你要通过多个系统访问电子邮件则选择此选项。

(2) POP:邮局协议(POP)服务器在你登录到该服务器之前会一直存储你的邮件。当你登录 POP 服务器后,你的所有邮件都会下载到本地区域,并会从 POP 服务器上删除。你可以在本地区域处理你的邮件。通常，POP 服务器都始终连接着 Internet，而该服务器的客户端只是偶尔连接 Internet。

如果你想将邮件下载到本地目录，则选择此选项。

（3）**本地发送**：mbox 格式将你的邮件存储在本地文件系统的一个大文件中。此文件称作**"邮件缓冲池"**。

如果你想在主目录中的邮件缓冲池存储邮件，则选择此选项。

（4）**MH 格式的邮件目录**：使用 mh 格式的邮件服务器将邮件存储在单独的文件中。如果你想采用 mh 格式的应用程序，则选择此选项。

（5）**Maildir 格式的邮件目录**：使用 maildir 格式的邮件服务器也将邮件存储在单独的文件中。maildir 格式与 mh 格式相似。如果你想采用 maildir 格式的应用程序，如 qmail，则选择此选项。

（6）**标准 UNIX mbox 缓冲池或目录**：此选项使用 mbox 格式。如果你想在除主目录之外的某个目录的邮件缓冲池中存储电子邮件，则选择此选项。

（7）**无**：如果你不想使用此电子邮件账户接收电子邮件，则使用此选项。

从**"服务器类型"**下拉列表选择一个选项后，**"接收邮件"**页中会显示更多选项。根据选定的选项，所显示的选项有所不同。表 9-4 列出了你可以配置的接收邮件服务器设置。**"接收邮件"**窗口中的各个元素设置完接收邮件服务器信息后，请单击**"前进"**按钮。

表 9-4 接收邮件服务器设置

元　素	说　明
主　机	在此字段输入邮件服务器的主机名 IMAP、POP options only
用 户 名	在此字段中输入邮件服务器上你的账户的用户名 只适用于**IMAP、POP** 选项
验证类型	选择该账户使用的验证类型 只适用于**IMAP、POP** 选项
检查支持的类型	单击此按钮检查服务器支持的验证类型。该服务器支持的验证类型会添加到**验证类型**下拉列表中 只适用于**IMAP、POP** 选项
记住该密码	如果你想直接连接到邮件服务器，而不想每次连接时都输入密码，则选择此选项 只适用于 **IMAP、POP** 选项
路　径	输入要存储电子邮件位置的路径 只适用于**"本地发送"**、**"MH 格式的邮件目录"**、**"Maildir 格式的邮件目录"**、**"标准 UNIX mbox 缓冲池或目录"**选项

图 9-7 为接受电子邮件配置。

3. 配置接收电子邮件选项

在"Evolution **设置助手**"的**"接收邮件"**第二页中输入你的接收电子邮件选项。表 9-5 列出了你可以配置的接收电子邮件选项。设置完接收电子邮件选项后，请单击**前进**按钮。

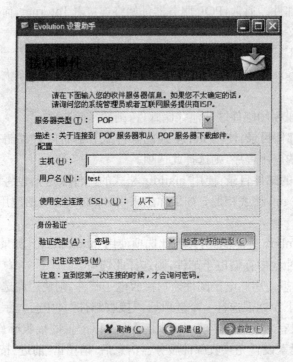

图 9-7 接收电子邮件配置

表 9-5 接收电子邮件选项

元 素	说 明
自动检查新邮件间隔	如果想让 Evolution 自动检查新邮件,则选择此选项。使用旋转框指定检查新邮件的时间间隔,以分钟计
检查所有文件夹中的新邮件	如果想让 Evolution 检查所有 IMAP 文件夹中的新邮件,则选择此选项。只适用于 IMAP 选项
只显示订阅的文件夹	选择此选项只查看你订阅的 IMAP 文件夹,而不是所有的 IMAP 文件夹。只适用于 IMAP 选项
替代服务器提供的文件夹名称	IMAP 名称空间是存储你邮件的目录。如果你想将邮件存储在除了 **IMAP** 服务器提供的默认名称空间之外的其他名称空间,则选择此选项 只适用于"**IMAP**"选项
名称空间	如果选中了"改写服务器提供的文件夹名称空间"选项,则在此字段中输入用于存储你的邮件的名称空间。 只适用于"**IMAP**"选项
对该服务器上收件箱里的新邮件使用过滤器	选中此选项可对传入 **IMAP** 服务器收件箱中的邮件以及下载到本地区域的邮件应用邮件过滤器。 只适用于"**IMAP**"选项
将邮件留在服务器上	选择此选项可以将邮件副本存储在"**POP**"服务器上。 只适用于"**POP**"选项

（续表）

元　素	说　明
对收件箱中的新邮件使用过滤器	选择此选项可对你的收件箱应用邮件过滤器。 只适用于"**Maildir 格式的邮件目录**"、"**标准 UNIX mbox 缓冲池或目录**"选项
将状态标题存储为 Elm/Pine/Mutt 格式	如果要使用"**X-Status**"邮件标题格式,则选择此选项。 如果使用的电子邮件应用程序采用"**X-Status**"邮件标题格式,则选择此选项。例如 **Elm**、**mutt** 和 **Pine** 使用的就是"**X-Status**"邮件标题格式。 只适用于"**标准 UNIX mbox 缓冲池或目录**"选项
使用.folders 文件夹摘要文件(exmh)	如果想让 **Evolution** 使用由 **exmh** 应用程序生成的文件夹摘要文件,则选择此选项。 只适用于"**MH 格式邮件目录**"选项

4. 配置电子邮件发送方式

在"**Evolution 设置助手**"的"**发送邮件**"页中输入你的发送电子邮件配置信息,如图 9-9 所示。**Evolution** 能以多种方式发送电子邮件。从"**服务器类型**"下拉列表中选择用于发送电子邮件的服务器类型。选择以下选项之一:

（1）**SMTP**:使用简单邮件传输协议(SMTP)将邮件转发到服务器,再由该服务器发送邮件。

（2）**Sendmail**:使用 **sendmail** 程序从你的系统发送电子邮件。

从"**服务器类型**"下拉列表中选定了一个选项后,"**发送邮件**"页中会显示更多对话框元素。根据选定的讯息,该页中显示的元素有所不同。表 9-6 列出了可以配置的发送电子邮件设置。设置完发送电子邮件的配置信息后,请单击"**前进**"按钮(见图 9-8)。

表 9-6　可以配置的发送电子邮件设置

元　素	说　明
主　机	在此字段中输入邮件服务器的 **DNS** 名称或 **IP** 地址 只适用于"**SMTP**"选项
服务器要求验证	如果服务器要求在你登录发送电子邮件时对你进行验证,则选择此选项 只适用于"**SMTP**"选项
验证类型	选择该账户使用的验证类型 只适用于"**SMTP**"选项
检查支持的类型	单击此按钮检查服务器支持的验证类型。该服务器支持的验证类型会添加到"**验证类型**"下拉列表中 只适用于"**SMTP**"选项
用 户 名	在此字段中输入邮件服务器上你的账户的用户名 只适用于"**SMTP**"选项
记住该密码	如果你想直接连接到邮件服务器,而不想每次连接时都输入密码,则选择此选项 只适用于"**SMTP**"选项

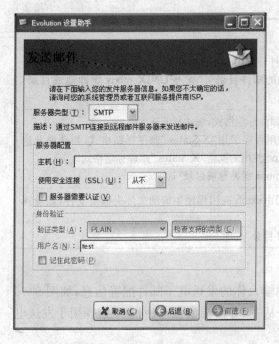

图 9-8 发送电子邮件设置

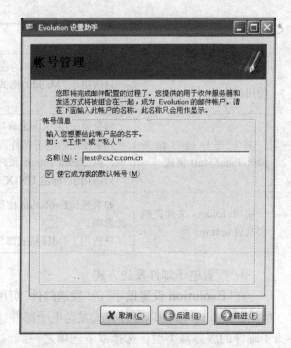

图 9-9 账号管理设置

5. 配置账号管理设置

在"Evolution **设置助手**"的"**账号管理**"页中输入账户管理信息(见图 9-9)。表 9-7 列出了可以配置的账户管理设置。设置完账户管理信息后,请单击"**前进**"按钮。

表 9-7 可以配置的账户管理设置

元　素	说　明
名　称	在文本框中输入此电子邮件账户的名称
将该账户设置为你的默认账户	选择此选项将新账户设置为你的默认电子邮件账户

6. 选择时区

在"Evolution **设置助手**"的"**时区**"页中选择所在时区。"**时区**"页显示了一幅世界地图。地图上的红点代表主要城市和其他地点。

使用鼠标可选择时区,方法如表 9-8 所示。

表 9-8 使用鼠标选择时区的方法

鼠　标	
鼠　标	指向地图上的红点以显示地点名称。相应的名称会显示在地图下面
鼠标左键	单击地图上的某个区域,将它放大并选择该时区
鼠标右键	单击鼠标右键缩小地图

也可以从"**选择**"下拉列表中选择时区。选定时区后,请单击"**前进**"按钮。在"**Evolution 设置助手**"出现"**完成**"页后,单击"**应用**"按钮,进入 Evolution 应用程序界面。

二、Evolution 简要介绍

表 9-9 列出了 Evolution 的应用程序组件。

表 9-9　Evolution 的应用程序组件

日　历	你可以使用"**日历**"安排约会、会议和任务
联系人	你可以使用"**联系人**"创建联系人通讯簿
收件箱	可以使用"**收件箱**"撰写、发送、接收和管理电子邮件
概　要	"**概要**"能纵览你当天的各项事务。"**概要**"显示了你的"**邮件**"、"**约会**"、"**天气**"和"**任务**"概况。
任　务	可以使用"**任务**"管理你执行的工作任务
发送/接收	你可以使用"**发送/接收**"连接邮件和日历服务器

图 9-10 为显示"**概要**"的 Evolution 窗口。Evolution 窗口的内容如表 9-10 所示

图 9-10　Evolution 概要窗口

表 9-10　Evolution 窗口的内容

菜单栏	包含在 Evolution 中进行操作所需的菜单
工具栏	包含在 Evolution 进行操作所需的按键
"**快捷方式**"栏	显示"**快捷方式**"栏。快捷方式是提供快速存取文件夹的一些图标。"**快捷方式**"栏位于 Evolution 窗口的最左端。 要显示"**快捷方式**"栏,请选择"**查看→快捷方式栏**",以便选定"**快捷方式栏**"菜单项。 要隐藏"**快捷方式**"栏,请再次选择"**查看→快捷方式栏**",从而取消选择"**快捷方式栏**"菜单项

（续表）

"文件夹"栏	显示"文件夹"列表。"文件夹"栏位于 Evolution 窗口的左侧。 要显示"文件夹"栏，选择"查看—＞文件夹栏"，"文件夹栏"菜单项会被选中；或者在邮件列表顶部单击当前文件夹的名称，出现"文件夹"栏后，单击其右上角按钮，确认要显示"文件夹"栏。 要隐藏"文件夹"栏，请再次选择"查看 –＞文件夹栏"，从而取消选择"文件夹栏"菜单项。或者单击"文件夹"栏顶部的"关闭"按钮

大多数 Evolution 组件都包含搜索栏。可以使用搜索栏执行简单搜索。例如，可以在"收件箱"搜索包含特定文本字符的邮件。

三、访问 Evolution 应用程序

要显示 Evolution 中的任一应用程序组件，请执行以下步骤：

（1）在"**快捷方式**"栏中单击相应的快捷方式。例如，单击"**收件箱**"快捷方式来显示电子邮件信息。

（2）在"**文件夹**"栏中选择应用程序的文件夹。例如，在"**文件夹**"栏中选择"**日历**"来显示日历。

（3）在"**转到文件夹...**"对话框中选择应用程序的文件夹。选择"**文件→转到文件夹...**"，显示"**转到文件夹...**"对话框（见图 9 - 11）。选择应用程序的文件夹，然后单击"**确定**"按钮，或者双击该文件夹。

图 9 - 11 "转到文件夹..."对话框

四、配置 Evolution 账户

要配置 Evolution 账户，请执行以下步骤：

（1）选择"**工具＝＞设置**"选项，显示"**Evolution 设置**"对话框，如图 9 - 12 所示。

（2）单击对话框左侧的"**邮件账号**"。此时在对话框右侧会显示一个"**邮件**"账户表格。

（3）单击"**添加**"按钮，即可显示"**Evolution 账号助手**"页面。

（4）在"**Evolution 账号助手**"页面中单击"**前进**"按钮，依次进入"**标识**"、"**接收电子邮件**"、"**发送电子邮件**"、"**账号管理**"页面，每个页面中的具体设置请参阅第 2.3.1 节 Evolution **设置助手**，最后进入 Evolution"**账号助手**"的"**完成**"页面，单击"**应用**"按钮，新账号设置完毕。

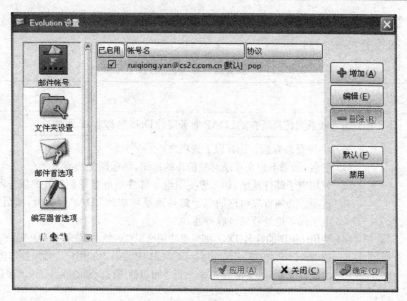

图 9-12　Evolution 设置

五、配置 LDAP 服务器

LDAP(Lightweight Directory Access Protocol)可以使用户跨网络存取联络信息,分享联络信息。典型的 LDAP 应用就是公司中所有雇员都可以使用和访问的通讯簿。

要配置 LDAP 服务器,请执行以下操作:

(1) 选择"**工具→设置**"选项,显示"Evolution **设置**"对话框。

(2) 单击对话框左侧的"**目录服务器**"。即可在对话框右侧显示一个 LDAP 服务器表格,如图 9-13 所示。

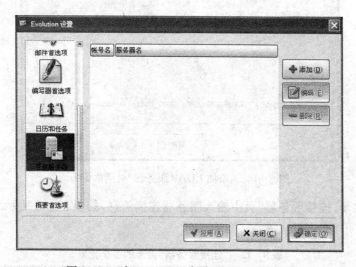

图 9-13　在 Evolution 中设置 LDAP 服务器

(3) 单击"**添加**"按钮即可显示"**添加 LDAP 服务器**"页面。"**添加 LDAP 服务器**"页面会引导你一步步执行 LDAP 服务器的配置过程。单击"**前进**"按钮开始配置过程,即可显示"**第一步:服务器信息**"页。

（4）在"**第一步：服务器信息**"页中输入服务器名，如图 9 - 14 所示。表 9 - 11 列出了"**服务器信息**"页上的各个元素。

表 9 - 11　"服务器信息"页上的各个元素

对话框元素	说　　明
服务器名称	输入联系人信息所在的 **LDAP** 服务器的 **DNS** 名称或 **IP** 地址。
登录方法	选择一种登录方法。选择以下选项之一： （1）**匿名**：如果不想在登录时验证你的标识，则选择此选项。 （2）**使用电子邮件地址**：如果想使用电子邮件地址登录到 **LDAP** 服务器，则选择此选项。必须首先将你的电子邮件地址添加到 **LDAP** 服务器，然后才可以使用电子邮件地址登录该服务器。 （3）**使用已识别的姓名(DN)**：如果想使用已识别的姓名"**登录 LDAP**"服务器，则选择此选项。已识别的姓名唯一地标识了 **LDAP** 目录中的用户。必须首先将你的已识别的姓名添加到 **LDAP** 服务器，然后才可以使用已识别的姓名登录该服务器。
电子邮件地址或已识别的姓名	输入用于登录 **LDAP** 服务器的电子邮件地址或已识别的姓名

设置完常规服务器信息后，请单击"**前进**"按钮，即可显示"**第二步：连接服务器**"页。

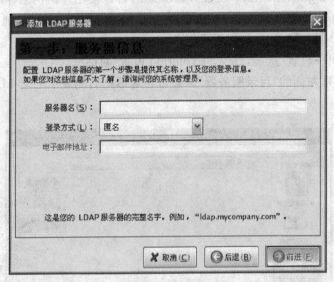

图 9 - 14　"添加 LDAP 服务器"对话框(一)

（5）在"**第二步：连接服务器**"页中输入服务器连接信息，如图 9 - 15 所示。表 9 - 12 列出了"**连接服务器**"页上的各个元素。

表 9 - 12　"连接服务器"页上的各个元素

对话框元素	说　　明
端口号	在此字段中输入 Evolution 用于连接 LDAP 服务器的端口号。此字段的典型值是 389

（续表）

对话框元素	说　　明
使用 SSL/TLS	选择何时使用**安全套接字层**（SSL）协议或**传输层协议**（TLS）连接 LDAP 服务器。 选择以下选项之一： （1）**总是**：选择此选项可始终使用 SSL 或 TLS 连接 LDAP 服务器。 （2）**可能时**：只有当你不处于安全环境下的时候，才需要选择此选项以使用 SSL 或 TSL 连接 LDAP 服务器。 （3）**从不**：选择此选项，指定从不使用 SSL 或 TLS 连接 LDAP 服务器

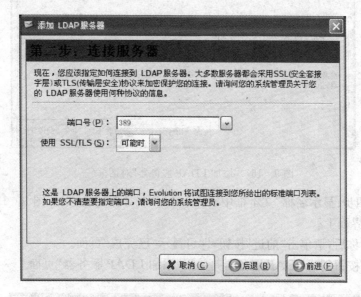

图 9-15　"添加 LDAP 服务器"对话框（二）

配置完服务器连接信息后，请单击**"前进"**按钮，即可显示**"第三步：搜索目录"**页。

（6）在**"第三步：搜索目录"**页中输入服务器上该目录的搜索详细资料，如图 9-16 所示。表 9-13 介绍了**"搜索目录"**页上的各个元素。

表 9-13　"搜索目录"页上的各个元素

对话框元素	说　　明
搜索起点	LDAP 服务器中的信息按树状结构组织。搜索起点是树状结构中的一个特定位置，它是 LDAP 目录搜索的起始点。 在文本框中输入你的 LDAP 目录搜索使用的搜索起点
显示支持的基础	单击此按钮显示 Evolution 支持的搜索库列表
搜索范围	选择目录搜索的范围。选择以下选项之一： （1）**一级目录**：选择此选项搜索该搜索库和该搜索库的下一级目录。 （2）**子级目录**：选择此选项可搜索搜索库和该搜索库下的所有级别
超时（分钟）	用滑块指定 Evolution 在等待多长时间后将停止搜索
下载上限	指定想从 LDAP 服务器下载的联系人的最大数量

输入完搜索信息后,请单击**"前进"**按钮,即可显示**"第四步:显示名称"**页。

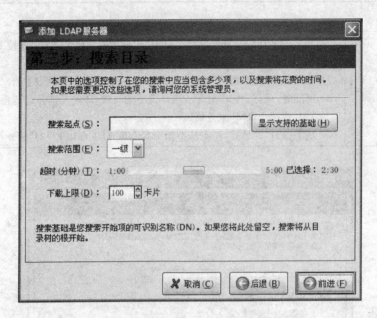

图 9-16 "添加 LDAP 服务器"对话框(三)

(7) 在**"第四步:显示名称"**文本框中键入 LDAP 服务器的名称(见图 9-17),此名称会显示在 Evolution 界面上。

输入显示名称后,请单击**"前进"**按钮,即可显示**"已完成"**页面。

单击**"应用"**按钮创建 **LDAP** 服务器并关闭**"添加 LDAP 服务器"**页面。

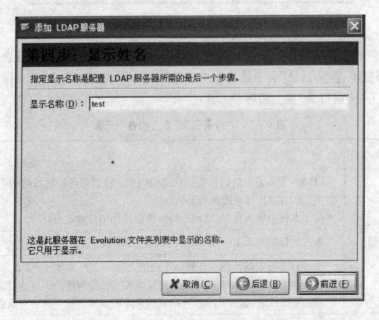

图 9-17 "添加 LDAP 服务器"对话框(四)

第三节 X下载工具

Linux桌面版为用户提供了功能强大、简单易用的X下载工具。X下载工具支持HTTP、FTP等多种协议,并且能够支持断点续传功能。X下载工具可以同时启动多个进程进行下载。

一、启动

在Linux桌面版中,你可以下列几种方式启动X下载工具:

(1) 在"**启动**"菜单中选择"**应用程序**"→"**网络**"→"**图形下载工具**",此时启动图形下载工具的主窗口,如图9-20所示。

(2) 在通过Mozilla浏览器打开网页的相应链接上单击鼠标右键,从弹出的菜单中选择,如图9-18所示;点击"**使用X下载**"菜单项后,会在弹出图形下载工具主窗口的同时直接进入"**添加新的下载作业**"对话框,其中的URL输入框内地址即为你刚才选择的链接,如图9-19所示。

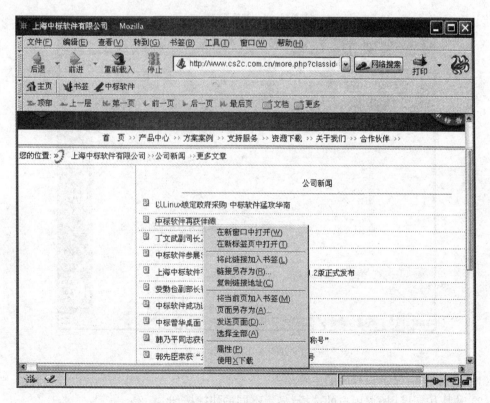

图9-18　Mozilla中的右键菜单下载

图 9-19　添加新的下载作业

二、主窗口

X 下载工具的主窗口如图 9-20 所示

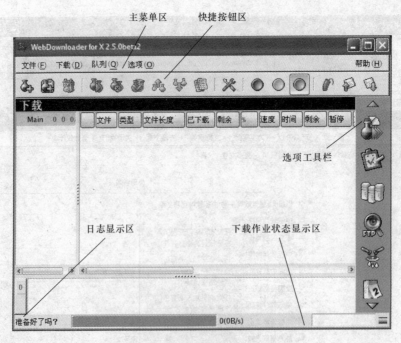

图 9-20　**X** 下载工具主窗口

(1) 主菜单区:显示该程序的主菜单。

(2) 快捷按钮区:根据用户的选择,显示不同的快捷按钮。

(3) 下载作业状态显示区:显示当前下载作业的状态。

(4) 日志显示区:显示下载日志。

其中,快捷按钮区的按钮从左至右分别是:添加新的下载作业、从粘贴板取得下载地址、删除下载作业、继续/重新下载、停止下载、清除已完成的下载作业、向上移、向下移、查看记录、选项、速度1(低速)、速度2(中速)、不限速、删除所有下载连接、保存任务列表、载入任务列表、将百分比模式转换为3、拖放箱。

三、配置

1. 公用选项

Linux桌面中的图形下载工具提供了简单易用的配置窗口,你可以在该窗口中很方便地对图形下载工具进行配置。你可以通过在主菜单中选择"**选项**"→"**公用选项**"来打开图形下载工具的配置窗口,如图9-21所示。

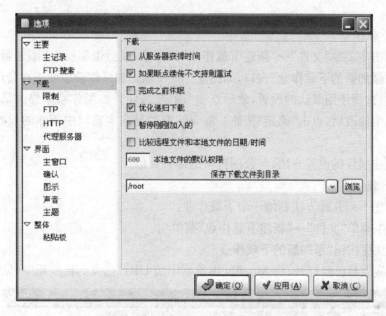

图9-21 X下载工具的公用选项配置

从图9-21可以看出,"**公用选项**"对话框的左边是一个树状图,你可以在树状图中选择你需要配置的选项,此时,在右侧就会出现若干个选项或者文本框。一般情况下,如果你需要启用某一个选项,只要选中该选项左侧的小方框即可;否则,就不要选中它。例如,图9-21中,"**如果断点续传不支持则重试**"、"**优化递归下载**"选项是被选中的,将会生效;而"**完成之前休眠**"、"**暂停刚刚加入的**"等选项就没有被选中,也就不会生效。文本框一般是用来输入需要设置的数据,你只需输入相应的值便可。如图9-21中的"**本地文件的默认权限**"和"**保存下载文件到目录**"就属于这种情况。对于需要输入文件名的地方,一般都会出现下拉菜单和"**浏览**"按钮。用鼠标单击下拉菜单,将会出现历史记录;单击"**浏览**"按钮,将会弹出可供选择的对话框。

如果你进行了新的设置,为了使你所作的改动生效,请用鼠标单击"**应用**"或"**确认**"按钮。在此提醒你,如果你直接单击了"**确认**"按钮,在设置生效的同时将退出对话框;而单击"**应用**"按钮,则只会使设置生效而不会退出对话框。

如果你需要取消你的设置,请单击"**取消**"按钮。需要注意的是已经被应用的设置将不会被取消。

2. 下载速度

你可以通过主菜单中的"**选项**"→"**速度**"菜单项或快捷按钮选择下载速度,可供选择的下载速度为:

(1) 低速(红色按钮)。

(2) 中速(黄色按钮)。

(3) 无限速(绿色按钮)。

其中,低速和中速的速度值都可以在"公用选项-主要"设置中配置。

四、使用

下载工具中最重要的内容就是下载作业,下面主要针对下载作业的管理来描述 X 下载工具的使用。

1. 新建下载作业

用鼠标点击主菜单"**文件**"→"**新建下载作业**"菜单项,或点击第一个"**添加新的下载作业**"按钮,将弹出"**添加新的下载作业**"窗口,如图 9-19 所示。如果你希望使用在公用选项中所作的设置,你可以选择使用默认的设置,然后点击"**确定**"按钮。如果你希望修改某些设置的话,可以在该窗口中修改后,点击"**确定**"按钮。需要注意的是在本窗口中所作的设置只对当前下载作业有效。

对下载作业属性的设置方法,与公用选项的部分类似。

2. 新增下载作业

你可以使用下列几种方法新增一个下载作业:

(1) 选择主菜单"**文件**"→"**新建下载作业**"菜单项。

(2) 选择快捷按钮"**添加新的下载作业**"。

(3) 如果拖放箱已经打开,将 Mozilla 浏览器中的 URL 拖曳到拖放箱中(见图 9-22)。

图 9-22 将下载地址拖曳到拖放箱上

图9-22右上角的五星形小图标就是拖放箱,你只需要在浏览器中单击一个下载地址,按住鼠标左键不放,将鼠标移到拖放箱图标上,松开鼠标左键即可。

3. 删除下载作业

你可以使用以下几种方法删除某个下载作业:

(1) 选择主菜单"**下载**"→"**删除下载作业**"菜单项。

(2) 在下载作业上按右键,弹出右键菜单,选择"**删除下载作业**"菜单项,如图9-23所示。

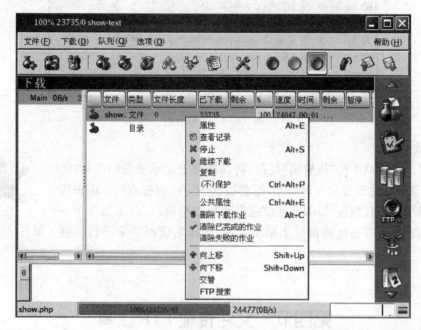

图9-23 下载作业上的右键菜单

4. 暂停下载作业

你可以使用下列几种方法暂停某个下载作业:

(1) 选择主菜单"**下载**"→"**停止下载**"菜单项。

(2) 在下载作业上按右键,弹出右键菜单,选择"**停止下载**"选项,如图9-23所示。

5. 继续下载

你可以使用下列几种方法继续某个下载作业:

(1) 选择主菜单"**下载**"→"**继续下载**"菜单项。

(2) 在下载作业上按右键,弹出右键菜单,选择"**继续下载**"选项,如图9-23所示。

6. 编辑下载作业属性

你可以使用下列几种方法编辑某个下载作业的属性:

(1) 选择主菜单"**下载**"→"**编辑下载属性**"菜单项。

(2) 在下载作业上按右键,弹出右键菜单,选择"**编辑下载属性**"选项,如图9-23所示。

7. 查看日志

你可以在记录区查看简单记录,也可以使用下列方法查看下载作业的详细记录:

(1) 选择主菜单"**下载**"→"**查看日志**"菜单项。

（2）在下载作业上按右键，弹出右键菜单，选择"**查看日志**"选项，所查看的记录如图9-24所示。

图9-24　下载日志

8. 拖放箱

用户单击主窗口中的"**拖放箱**"按钮，将在屏幕上显示拖放箱图标（见图9-25），该图标永远显示在屏幕上，不会被其他应用程序遮挡。用户可以将浏览器中的下载地址（URL）直接拖曳到拖放箱窗口，以添加一个下载作业。用户也可以在拖放窗口上单击右键，弹出右键菜单来进行一些操作。

图9-25　拖放箱

第四节　文件传输 FTP 工具

选择"**启动**"→"**应用程序**"→"**网络**"→"**文本传输工具**"选项，即可启动 gftp 工具界面。它是一个多线程的 FTP 客户端，用 GTK＋编写，是一个良好的文本传输工具。其性能：支持多个线程同时下载、支持断点续传；支持 FTP、HTTP 和 SSH 协议；支持 FTP 和 HTTP 代理，可以下载整个目录等。gftp 启动后可以看到主界面有两个文件选择栏，左侧文件选择栏显示本地端当前路径下所有文件及文件夹，右侧文件选择栏显示服务器端当前路径下所有文件及文件夹，如图9-26所示。

一、使用

1. 连线

在菜单栏下方的显示区输入主机 ip、端口号以及由网管分配给你的用户名和口令，并选择网络协议类型（FTP、HTTP、Local、SSH2）。端口号一般为21，因此可以不必输入。

这些填好以后单击显示区左侧的 ![图标] 图标，它将显示连接状态，当你想断开连接的时候，再次单击此图标即可。与服务器进行连接后，就可以进行文件传输了。

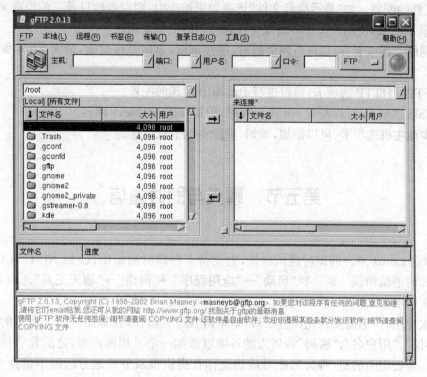

图 9 - 26 gftp 登录界面

2. 上传

在本地端文件选择栏上选择你需要传输到服务器的文件,然后单击 ➡ 按钮,或由菜单栏选择"传输"→"开始传输"选项,gftp 将进行文件传输,界面下端进度栏将显示传输状态,如文件大小,传输速度,剩余时间等。若你将多个文件加入传输列表,此栏还会显示待传输文件信息。若要停止传输,则选择**"传输"→"停止传输"**选项。

3. 下载

下载的操作与上传相反,在服务器端文件选择栏上选择你需要传输到本地端的文件,然后单击 ⬅ 按钮,或选择**"传输"→"开始传输"**选项。若要停止传输,则选择**"传输"→"停止传输"**选项。

4. 书签

gftp 提供的书签功能可以极大地方便用户的使用,使用书签就不必每次登陆 ftp 都要定位服务器位置,账号,密码。使用书签的方法如下:选择**"书签"→"添加书签"**选项,在出现的添加书签对话中输入新书签的名字,则建立了当前 ftp 的书签,如果希望记住密码,选中**"记住密码"**复选框,下次登陆时系统将自动填入密码。填好后,单击**"新增"**按钮,完成新书签建立。

所有书签都可以通过选择**"书签"→"添加书签"**进行编辑。

二、配置

在菜单栏中选择**"FTP"→"选项"**,打开**"选项"**对话框,可以进行 gftp 的配置。

(1) **常规** 选项卡:可以进行最大记录窗口大小,追加文件传输,默认覆盖,即时传输,显示/隐藏文件的配置。如"**显示隐藏文件**"选项如果被选中，则在本地目录下的隐藏文件和文件夹就不会显示出来，使用户操作本地段文件选择器时更简单明确。

（2）**网络**　选项卡：可以进行网络超时，连接重试，重试等待时间，最大 kb/s，默认协议的配置。

（3）**FTP**、**HTTP** 选项卡：可以进行 ftp, http 代理的配置。

（4）**SSH** 选项卡：可以配置 ssh 执行程序，附加参数，sftpserv 路径。

（5）**本地主机**选项卡：可以添加，编辑，删除本地主机信息。

第五节　聊天与即时通信

Gaim 是 Linux 平台的即时通信软件，它支持多种即时通信协议，如 AIM、ICQ、Yahoo 等流行的即时通信协议。请选择"**启动**"→"**应用程序**"→"**网络**"→"**聊天工具**"选项来启动它，如图 9 - 27 所示。

第一次使用时，你需要首先设置账号，请单击"**账户**"按钮，在如图 9 - 28 所示的对话框中设置好"**协议**"、"**用户名**"、"**密码**"等所需的各项以添加一个可用的账号，之后你就可以使用这个账号了。需要说明的是，聊天的账号应该是你在提供该服务的地方已经申请并可用的，例如，你如果要通过 gaim 来加入 msn 聊天，你必须已经具有一个 hotmail 承认的 msn 账号，这样，你的即时通信登录申请才能获得 msn 服务器的验证。

图 9 - 27　gaim 即时通信程序

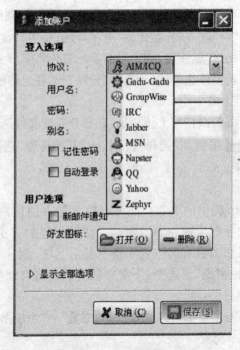

图 9 - 28　添加账户

gaim 还允许对即时通信过程中的很多属性进行配置，单击"**首选项**"按钮即可。

第六节 小 结

　　本章详细介绍了 Linux 桌面使用环境中的网络应用工具。对 Mozilla 的使用、配置 Internet 电子邮件、X 下载工具的使用、文件传输 FTP 工具的使用、聊天与即时通信工具的使用作了具体的阐述。作为 Linux 用户，这些基本的网络应用与配置是日常计算机网络使用中必不可少的部分。需要大家在应用中熟练掌握每个工具的使用。

第十章 多媒体与娱乐

在 Linux 上,你同样可以进行各种丰富多彩的娱乐活动。Linux 系统提供了许多优秀的媒体播放软件,支持几乎所有的多媒体文件格式,完全能够满足你的需要。

第一节 多媒体播放

一、播放 CD

使用"**CD 播放器**"可以播放计算机上 CD - ROM 驱动器中的声频 CD 盘。要欣赏 CD 乐曲,可以用插入 CD - ROM 的耳机。如果已安装声卡,可以通过扬声器系统欣赏 CD。

1. 启动播放器

选择"**启动**"→"**应用程序**"→"**多媒体**"→"**CD 播放器**"选项,启动"**CD 播放器**"设备,你就可以看到如图 10 - 1 所示的界面。

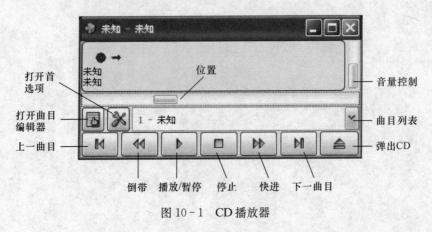

图 10 - 1 CD 播放器

选择不同的按钮可以完成的功能如下：

（1）**播放/暂停**：播放器将按顺序播放曲目。如果在曲目播放过程中单击该按钮，将暂停播放。

（2）**停止**：停止播放曲目。

（3）**下一曲目**：播放器停止当前曲目的播放自动跳至下一首曲目，开始播放。

（4）**上一曲目**：播放器将停止当前曲目的播放自动跳至上一首曲目，开始播放。

（5）**快进**：按住不放，以快进方式播放该曲目。

（6）**倒带**：按住不放，以倒带方式播放该曲目。

（7）**曲目列表**：出现一个包含所有曲目信息的下拉菜单。

（8）**打开首选项**：对播放器进行配置。

（9）**打开曲目编辑器**：对光盘的标题、备注等进行设置。

（10）**弹出 CD**：停止当前曲目的播放并弹出 CD/在光驱呈弹出状态时，单击此按钮可缩回光驱托盘，如托盘内有 CD 盘，播放器可自动开始播放音乐。

2. CD 播放器首选项

单击"**打开首选项**"按钮后，将弹出一个配置对话框，可针对不同的内容对播放器进行配置，包括"**CD 播放机设备**"、"**CD 播放机行为**"、"**可用主题**"，如图 10-2 所示。

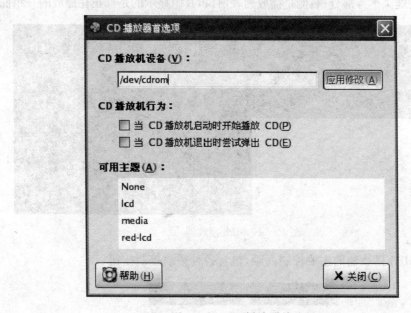

图 10-2　CD 播放器首选项

3. CD 数据库曲目编辑器

单击"**打开曲目编辑器**"按钮，你可以看到如图 10-3 所示的界面。

你可以在此设置许多关于 CD 曲目的信息。

二、播放 mp3、rm、swf

到目前为止，Linux 上最流行的 MP3 播放器就是 XMMS。它的外观与使用同 Winamp 非常相似，有播放列表、图形化的平衡装置等。使用起来非常简单方便。

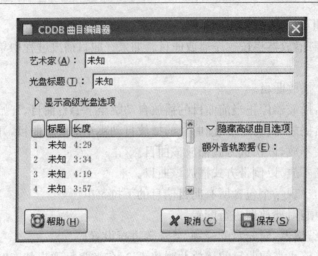

图 10-3　CD 数据库曲目编辑器

1. 启动

在任务栏中单击"**启动**"=>"**应用程序**"=>"**多媒体**"菜单,然后选择"**MP3 播放器**"选项,启动"**MP3 播放器**"设备,你就可以看到如图 10-4 所示的启动界面。左侧是主窗口,包含控制面板、状态显示栏、功能菜单等部分;右侧是播放列表窗口,其中显示的是你正在播放的一组曲目。

图 10-4　MP3 播放器

图 10-5 是 MP3 播放器的主要控制面版,包含各种播放控制按钮。

图 10-5　MP3 播放器控制面板

通常情况下,如果正在播放曲目,将在如图 10-6 所示的状态显示栏中显示曲目已播放的时间、曲目名称及曲目时间总长信息。

图 10-6　MP3 播放器状态显示栏

使用如图 10 - 7 所示的控制条可以进行声音调节。

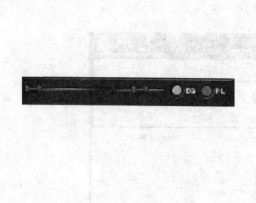

图 10 - 7　MP3 播放器控制条　　　　图 10 - 8　MP3 播放器的下拉菜单

2. 选择播放曲目

当你想选择曲目播放位置的时候，可以单击在 MP3 播放器左上角的 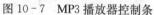 图标，将会出现一个下拉菜单，如图 10 - 8 所示：

选择"**播放档案**"命令，弹出"**读取档案**"窗口，在其中可以选择播放的曲目。

三、播放 VCD/DVD

中标普华 Linux 桌面系统自带了 VCD/DVD 播放器，在"**启动**"菜单中选择"**应用程序**"→"**多媒体**"→"**媒体播放器**"，启动媒体播放器设备，你就可以看到如图 10 - 9 所示的界面。使用它提供的菜单和按钮功能，你可以非常方便地播放 VCD/DVD 等视频光盘和文件。

图 10 - 9　媒体播放器

四、录音机

录音机应用程序使你可以记录和播放波形（.wav）声音文件。可以选择"**应用程序**"→"**多媒体**"→"**录音机**"选项启动，启动后的窗口如图 10-10 所示。

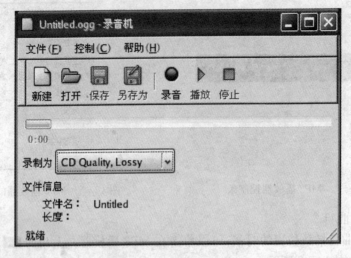

图 10-10　录音机界面

要启动一个新的记录会话，请执行以下步骤：

（1）选择"**文件**"→"**新建**"选项。

（2）启动记录，请选择"**控制**"→"**记录**"选项。

（3）停止记录，请选择"**控制**"→"**停止**"选项。

（4）回放记录，请选择"**控制**"→"**播放**"选项。

（5）保存记录，请选择"**文件**"→"**另存为**"选项，然后为该声音文件键入一个名称。

要播放声音文件，请选择"**文件**"→"**打开**"选项，在"**打开文件**"对话框中选择一个声音文件，然后单击"**确定**"按钮，录音机会在进度栏的下方以分钟和秒钟数显示文件的时长。要播放文件，请选择"**控制**"→"**播放**"选项，在播放声音文件时，进度指示器会沿着进度栏向右移动。

选择"**播放档案**"命令，会弹出"**读取档案**"窗口，在其中可以选择播放的曲目。

第二节　图像工具

一、pdf 阅读器

你可以点击"**启动**"菜单，选择"**应用程序**"→"**图形图像**"→"**PDF 阅读器**"选项来启动它，界面如图 10-11 所示。

如果你使用过 Acrobat Reader，那么在这里你就可以得心应手了。该阅读器支持 PDF 文件的查看功能，对于非常具体的使用说明，请看该阅读器的帮助文件。

同时，如果你拥有中标普华 Office 办公套件，你还可以自由地将你的文档输出为 PDF 文

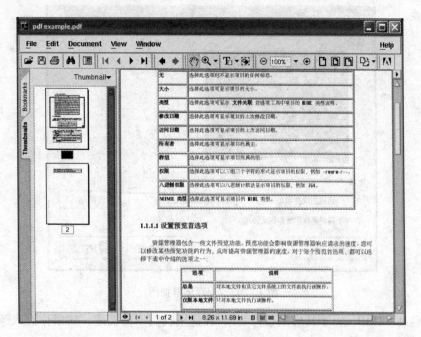

图 10 - 11　PDF 阅读器

件,更多信息请参见第八章。

二、屏幕抓图

　　你可以通过以下方法制作屏幕抓图,点击"**启动**"→"**应用程序**"→"**图形图像**"→"**抓图工具**"命令。

　　屏幕抓图工具的使用窗口如图 10 - 12 所示,根据界面上的描述和程序所带帮助文档,相信你能够非常容易地捕捉屏幕上显示的内容并将其保存为需要格式的图片文件。

　　主界面上有"**捕捉屏幕**"、"**捕捉窗口**"两个按钮,你可以使用它们来选择抓图类型。

　　两个按钮下方有"**捕捉延时**"复选框,此复选框默认是不被选中的,此时抓图工具在点击相关按钮后立即进行屏幕或窗口的抓取;若选中此复选框,并设置了延迟时间,抓图工具将在设定的延迟时间后进行屏幕或窗口的抓取。

　　点击"**捕捉屏幕**"按钮,抓图工具会制作整个屏幕的快照,并询问"**保存屏幕抓图**"的位置,如图 10 - 13 所示。你可以选择保存到桌面,或者点击"**浏览**"按钮,在出现的"**选择文件**"对话框中,你可以定制该快照保存到你希望的任何位置。

图 10 - 12　屏幕抓图工具主界面

　　点击"**捕捉窗口**"按钮,抓图工具会制作当前聚焦窗口的快照,并询问"**保存屏幕抓图**"的位置,如图 10 - 13 所示。你可以选择保存到桌面,或者点击"**浏览**"按钮,在出现的"**选择文件**"对话框中选择该快照的存储位置。

　　此外,中标普华 Linux 桌面还配备了一款功能强大的图像处理程度——"GIMP"。它被誉为是"Linux 环境下的 photoshop"。你可以通过"**启动**"→"**应用程序**"→"**图形图像**"→"**图**

图 10-13　保存屏幕抓图

像处理"来启动 CIMP。由于其应用较为复杂,在这里我们不再赘述。如果你有兴趣可以自行查阅相关书籍。

第三节　游　戏

Linux 桌面环境下有许多小游戏,可以在你的工作之余进行放松,选择**"启动"→"应用程序"→"游戏"**选项,即可启动小游戏了。

1. 华容道

选择**"启动"→"应用程序"→"游戏"→"华容道"**选项,你就可以看到如图 10-14 的界面。

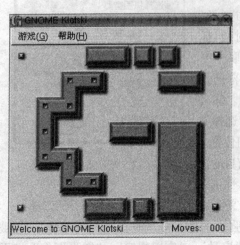

图 10-14　华容道游戏界面

华容道的目标是:用最少的运动把模式化的块移到绿色标记号处。

在菜单中选择**"游戏"→"Novice"**选项:初学者共有七关,随着关数的增加,难度也在增加。

在菜单中选择**"游戏"→"Medium"**选项:中级者共有七关,随着关数的增加,难度也在增加。

在菜单中选择**"游戏"→"Advanced"**选项:高级者共有六关,随着关数的增加,难度也在增加。

在菜单中选择**"游戏"→"退出"**选项:退出游戏,快捷键 Ctrl+Q。

在菜单中选择**"帮助"→"目录"**选项:打开你的帮助浏览器并且显示帮助手册。

在菜单中选择**"帮助"→"关于"**选项:打开对

话,关于版本内容和作者名称等基本信息。

2. 四子连线

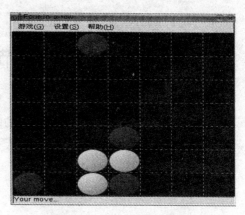

选择"启动"→"应用程序"→"游戏"→"四子连
线"选项,你就可以看到如图 10-15 所示的界面。

在菜单中选择"**游戏**"→"**新游戏**"选项:开始新
的一局,快捷键 Ctrl+N。

在菜单中选择"**游戏**"→"**退出**"选项:退出游
戏,快捷键 Ctrl+Q。

在菜单中选择"**设置**"→"**首选项**"选项:打开优
先选择对话,选择你所喜欢的图形界面。

在菜单中选择"**帮助**"→"**目录**"选项:打开你的

图 10-15 游戏四子连线界面

帮助浏览器并且显示帮助手册。

在菜单中选择"**帮助**"→"**关于**"选项:打开对话,关于版本内容和作者名称等基本信息。

3. 国际象棋

选择"启动"→"应用程序"→"游戏"→"国际象棋"选项,你可以看到如图 10-16 所示的
界面。

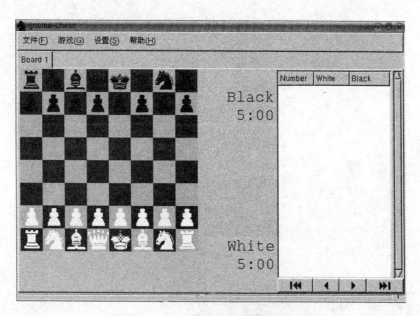

图 10-16 游戏国际象棋界面

在菜单中选择"**文件**"→"**打开**"选项:以保存未玩完的上次保存的选项,快捷键 F3。

在菜单中选择"**文件**"→"**保存**"选项:保存当前这一局,快捷键 Ctrl+S。

在菜单中选择"**文件**"→"**关闭**"选项:关闭当前这局,快捷键 Ctrl+W。

在菜单中选择"**文件**"→"**退出**"选项:推出游戏,快捷键 Ctrl+Q。

在菜单中选择"**设置**"→"**选项**"选项:设定背景颜色,多人连网时设定路径。

在菜单中选择"**帮助**"→"**关于**"选项:打开对话,关于版本内容和作者名称等基本信息。

第四节　小　　结

　　本章介绍了 Linux 桌面上休闲娱乐的多媒体播放工具和各式益智小游戏的使用方法。重点应了解各媒体播放器所支持的文件格式和使用方法。

第十一章　桌面系统管理

　　要对你的 Linux 系统进行配置和管理,除了使用各种管理命令外,Linux 系统还提供了许多图形管理工具。这些工具使得你对系统的管理更加方便和透明。

　　这些图形管理工具通常放在桌面的控制面板中。控制面板为用户提供了一个图形化的配置工具集。在中标普华 Linux 桌面中,你可以通过下列方法来启动控制面板:

　　(1) 在桌面上单击**"控制面板"**图标。

　　(2) 在启动菜单中选择**"启动"**→**"设置"**→**"控制面板"**选项。

　　在控制面板中,你可以点击任何一个图标(或选择其在主菜单中的相应菜单项)来打开你所需要的配置工具。本章将分别介绍集成在控制面板中的一些主要配置工具的功能和用法。

第一节　系 统 配 置

一、硬件配置

1. 声卡配置

　　要配置声卡,首先确认系统已安装好声卡。然后选择**"控制面板"**→**"声音"**→**"声卡检测"**选项,进入**"声卡配置"**窗口,如图 11 - 1 所示。

　　通常,当你启动**"声卡配置"**时,它会自动检测计算机中安装的声卡设备,并且在主窗口中显示出检测到的结果(包括声卡的型号、驱动模块)。如果你仍想要执行该操作,请点击**"自动检测"**按钮。

　　为了验证声卡配置工具自动检测的结果,请点击**"播放测试声音"**按钮,此时系统会播放一段音乐,然后弹出窗口询问效果,如果你能够听到正常的声音,则点击**"是"**按钮,声卡配置成功,你按**"确定"**按钮退出即可。

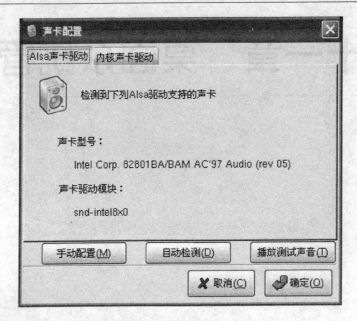

图 11-1 声卡配置

如需手动配置声卡，请点击"**手动配置**"按钮，则弹出如图 11-2 所示的对话框。你可以在列表中选择合适的声卡型号、更新声卡的驱动程序并测试是否可用。

图 11-2 手动配置声卡

2. 网卡配置

计算机需要网络连接才能和其他计算机通信。这是通过让操作系统识别接口卡（如以太网卡、ISDN、调制解调器），并配置该接口连接网络而实现的。"**网络配置**"工具可以用来配置许多类型的网络接口，如以太网、ISDN 等。

当你选择了"**控制面板**"→"**网络**"→"**网络设置**"选项,会弹出如图 11-3 所示的窗口,其中包括"**新建连接**"、"**网络选项**"和"**eth0**"三个图标,你可以通过双击它们来启动相应的配置工具,完成你所需要的功能配置。

图 11-3　网络配置界面

1)网络设备状态

为实现许多网络功能,对于一般用户来讲,你的计算机中一般都配有一个以太网卡,这个网卡会在你安装 Linux 桌面系统时被自动探测并配置。根据 Linux 操作系统的命名原则,它将会被标识为"eth0"。因此,你在控制面板的网络配置中能够看到 eth0 图标,双击启动它,你可以在此看到并修改关于该网卡的状态、属性等配置信息,如图 11-4 所示。

2)"常规"标签

如图 11-4 所示,当前网卡的状态为"已连接上",你可以通过点击"**停用**"按钮来停止该设备。点击"**属性**"按钮,则弹出如图 11-5 所示的界面,在此你可以修改获得 IP 地址、DNS 服务器地址的方式,或手工键入 IP 地址、子网掩码、网关等基本网络设置信息。

3)"支持"标签

在"**支持**"标签中,显示的是一些网卡设备的基础信息,如 IP 地址、子网掩码等(见图 11-6);点击"**详细信息**"按钮,会弹出如图 11-7 所示的窗口,窗口中将显示出更多的配置数据,包括网卡的 MAC 地址等。

图 11-4　eth0 状态

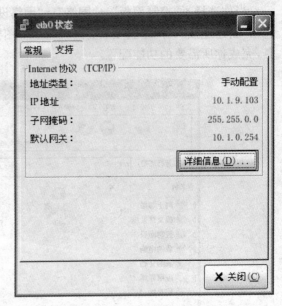

图 11-5 网络连接属性—常规　　　　　　图 11-6 eth0 状态—支持

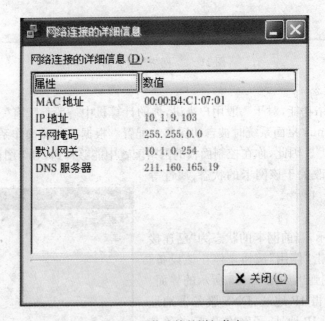

图 11-7 网络连接的详细信息

4）新建连接

计算机需要网络连接才能和其他计算机通信。这是通过让操作系统识别接口卡（如以太网卡、ISDN、调制解调器），并配置该接口连接网络而实现的。"**新建连接**"工具可以用来配置许多类型的网络接口，如以太网、ISDN 等。

要使用"**新建连接**"工具，你必须具备 root 用户权限，图 11-8 是启动后的界面。

要建立以太网连接，你需要一块网卡，一条网络电缆以及要接入的网络。不同的网络配置使用不同的速度，请确定你的网卡与你想连接的网络兼容。

要添加以太网连接,执行以下步骤:

(1) 从"**设备类型**"列表(见图 11 - 8)中选择"**以太网连接**",然后点击"**前进**"按钮。

(2) 如果你已经把网卡添加到了硬件列表中,则从"**以太网卡**"列表中选择它。否则,选择"**其他以太网卡**"来添加硬件设备,如图 11 - 9 所示。

(3) 如果你选择了"**其他以太网卡**",就会出现"**选择以太网适配器**"窗口,如。选择该以太网卡的制造商和型号。选择该设备的名称。如果它是系统的第一个以太网卡,把eth0 选作设备名;如果它是第二个以太网卡,把eth1 选作设备名;依此类推。"**网络配置工具**"还允许你为 NIC 配置资源。点击"**前进**"按钮继续。

图 11 - 8　新建连接

图 11 - 9　以太网卡列表

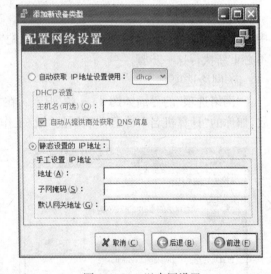

图 11 - 10　以太网设置

(4) 在"**配置网络设置**"窗口上(见图 11 - 10),你可以选择 DHCP 或静态 IP 地址。如果该设备在每次网络启动时都指定不同的 IP 地址,就不要为其指定主机名。点击"**前进**"按钮继续。

(5) 点击"**创建以太网设备**"上的"**应用**"按钮。

配置了以太网设备后,它就会出现在如图 11 - 9 所示的设备列表中。

添加了以太网设备后,你可以从设备列表中选择它,然后点击"**编辑**"按钮来编辑它的配置(见图 11 - 11)。譬如,当某设备被添加,它被默认配置成引导时启动。要改变这个设置,选择编辑该设备,修改"**当计算机启动时激活设备**",然后保存改变。

当设备被添加后,它不会被立即激活,你会看到"**禁用**"状态。要激活某设备,从设备列表

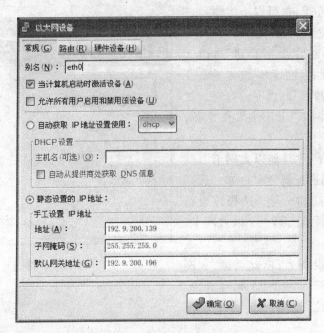

图 11－11　编辑网络设备

中选择它,然后点击"**启用**"按钮。如果系统配置表明要在计算机启动时激活设备(默认),你就不必重新执行这一步骤。

5)网络选项

"**网络选项**"的界面如图 11－12 所示。在"**常规**"标签中,你可以设置一些基本的网络参数,如你的"**计算机名**",你机器所属的"**域/工作组**"名称等。

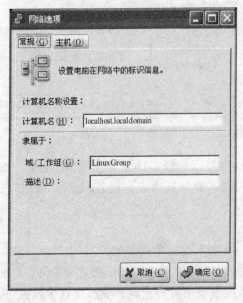

图 11－12　网络选项　常规

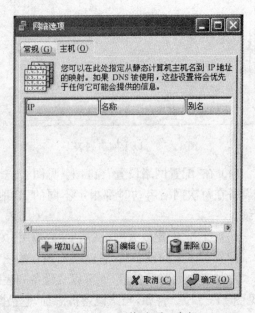

图 11－13　网络选项　主机

"**主机**"标签如图 11－13 所示。你可以在此指定从静态计算机主机名到 IP 地址的映射;

如果你同时使用了 DNS 服务,这些设置会优先于它所提供的信息。

3. 打印配置与管理

"打印机配置工具" 允许用户配置打印机。

使用 **"打印机配置工具"** 要求你具备 root 用户权限。要启动这个应用程序,选择面板上的 **"启动"→"设置"→"打印机"** 选项,然后双击启动 **"新打印机"** 图标启动器,则会弹出 **"添加打印机"** 窗口,如图 11 – 14 所示。

图 11 – 14　打印机配置工具

你可以配置以下类型的打印机:

(1) **本地打印机**:直接通过并行或 USB 端口连接到计算机上的打印机。

(2) **联网的 CUPS(IPP)**:能够通过 TCP/IP 网络和互联网打印协议(Internet Printing Protocol,又称 IPP)而被使用的打印机(例如,连接到网络上另一个运行 CUPS 的 Linux 系统上的打印机)。

(3) **联网的 UNIX(LPD)**:连接到能够通过 TCP/IP 网络而被使用的其他 UNIX 系统上的打印机(例如,连接到网络上另一个运行 LPD 的 Linux 系统的打印机)。

(4) **联网的 Windows(SMB)**:连接到通过 SMB 网络来共享打印机的其他系统上的打印机(例如,连接到 Microsoft Windows™机器上的打印机)。

(5) **联网的 HP JetDirect**:通过 HP JetDirect 直接连接到网络而不是计算机上的打印机。

注意:如果你添加一个新打印机或修改一个现存打印机设置,你必须应用这些改变才能使它们生效。

点击"**应用**"按钮来保存你所做的改变并重新启动打印机守护进程。这些改变在守护进程被重新启动前不会被写入配置文件。

1) 添加本地打印机

要添加本地打印机,如通过并行端口或 USB 端口连接到你的计算机上的打印机,双击"**打印机配置工具**"主窗口上的"**新打印机**"图标,就会出现一个如图 11-15 所示的窗口,选择添加本地打印机,点击"**前进**"按钮继续,然后按照界面上的提示一步一步进行即可。

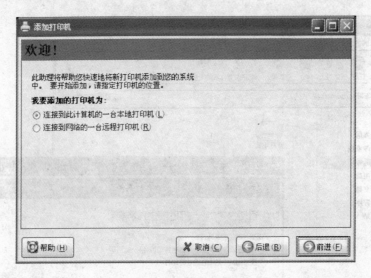

图 11-15 添加打印机

2) 添加网络打印机

中标普华 Linux 桌面可支持以下几种网络打印机,如图 11-16 所示(请根据实际环境选择)。各种类型的网络打印机的安装步骤均为四步:

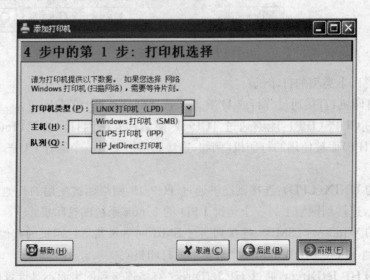

图 11-16 网络打印机类型

(1) 打印机选择。

（2）打印机详情（设置）。

（3）打印机显示（名称说明）。

（4）完成。

网络打印机添加如下：

（1）UNIX 打印机（LPD）。要添加远程 UNIX 打印机，请在打印机类型处选择该项（见图 11-16），然后点击"**前进**"按钮继续。图 11-17 所示窗口中的选项为：

① **主机**：打印机所连接的远程机器的主机名或 IP 地址。

② **队列**：远程打印机队列。

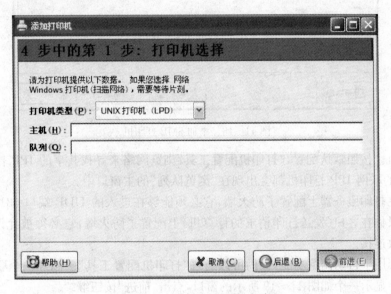

图 11-17　添加远程 LPD 打印机

（2）Windows 打印机（SMB）。要添加使用 SMB 协议访问的打印机（如连接到 Microsoft Windows 系统上的打印机，见图 11-18），从"**打印机类型**"菜单中选择"**Windows 打印机 (SMB)**"，然后点击"**前进**"按钮。如果打印机连接的是 Microsoft Windows 系统，选择这个打印机类型。其中一些选项为：

① **主机**：共享打印机的服务器的名称。

② **用户名**：你要访问打印机所必须登录使用的用户名称。用户在 Windows 系统上必须存在，并且必须有访问打印机的权限。默认的用户名典型为 guest（Windows 服务器）或 nobody（Samba 服务器）。

③ **口令**：在"**用户名**"字段中指定的用户口令（根据需要选择）。

在完成上述信息后，单击"**前进**"按钮继续。

注意：如果你需要使用用户名和口令，它们被明文储存在只能被用户 root 和 lpd 读取的文件中。这样，如果别人具备根特权，他们就有可能获悉用户名和口令。要避免这种情况的发生，使用打印机的用户名和口令应该不同于本地 Linux 系统上的用户账号。如果它们不同，那么唯一可能出现的安全漏洞会是对打印机的未经授权的使用。如果服务器上还有文件共享，建议你也使用不同于打印机队列的口令。

（3）CUPS 打印机。IPP 打印机是一种连接到运行 CUPS 的同一网络上的不同 Linux 系

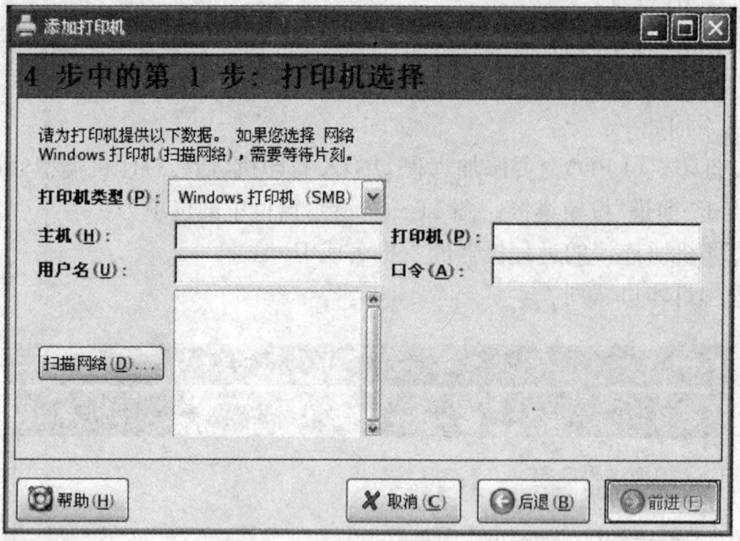

图 11-18　添加 SMB 打印机

统上的打印机。按照默认配置,"**打印机配置工具**"浏览网络来寻找共享的 IPP 打印机。任何通过 CUPS 的联网 IPP 打印机都会出现在"**浏览队列**"的主窗口中。

如果你在打印服务器上配置了防火墙,它必须能够在进入的 UDP 端口 631 上发送和接收连接。如果你在客户(发送打印请求的计算机)上配置了防火墙,它必须被允许在端口 631 上发送和接收连接。

如果你禁用了自动浏览功能,你仍可以通过"**打印机配置工具**"来添加一个联网的 CUPS 打印机。它会显示一个如图 11-19 所示的窗口,点击"**前进**"按钮继续。

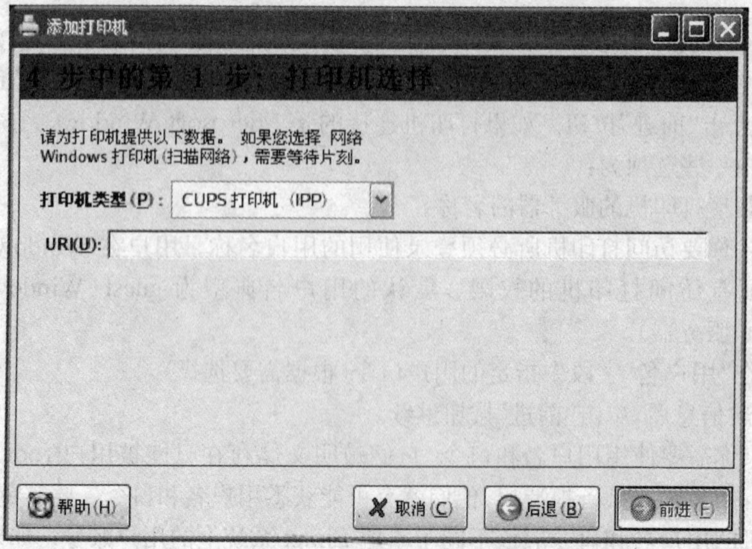

图 11-19　添加 IPP 打印机

其中,请在"**URI(U)**"对话框里输入你需要连接到的远程计算机的打印机路径。

（4）HP JetDirect 打印机。要添加 HP JetDirect 打印机，从"**打印机类型**"菜单中选择
"**HP JetDirect 打印机**"，然后点击"**前进**"按钮，如图 11－20 所示。图中的选项如下：

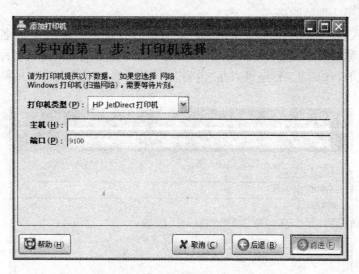

图 11－20　添加 JetDirect 打印机

① **主机**：JetDirect 打印机的主机名或 IP 地址。

② **端口**：JetDirect 打印机监听打印作业的端口，默认端口为 9100。

选择了打印机类型后，下一步就是选择打印机型号（驱动）。你会看到一个和图 11－21 相
似的窗口，从列表中选择它。打印机按照生产厂家分类。从下拉菜单中选择打印机的生产厂
家的名称。每当选择了一个不同的生产厂家后，打印机型号列表都会被更新。从列表中选择
打印机型号。

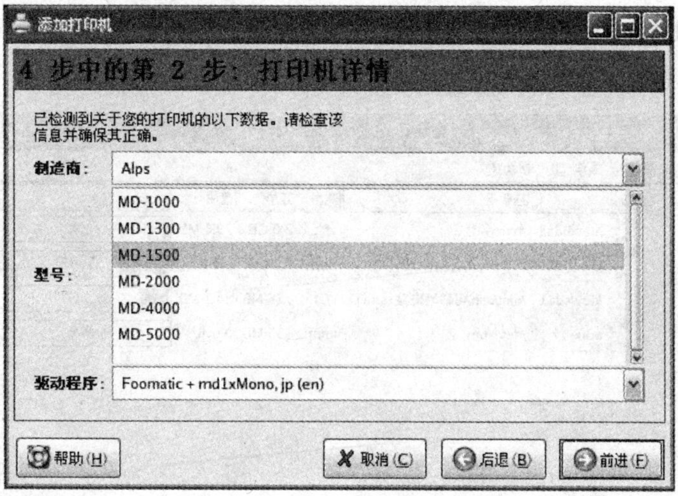

图 11－21　打印机详情

推荐的打印驱动程序是根据选定的打印机型号而选择的。打印驱动程序把你想打印的数
据处理成打印机能够理解的格式。由于本地打印机是直接连接到你的计算机上的，你需要一
个打印驱动程序来处理发送给打印机的数据。

如果你在配置远程打印机（IPP、LPD、SMB 或 NCP），远程打印服务器通常有它自己的打印驱动程序。如果在你的本地计算机上选择额外的打印驱动程序，数据就会被多次过滤并被转换成打印机所无法理解的格式。

然后，请输入打印机的名称和说明（见图 11-22）。并在所示窗口中的"**名称**"文本字段中输入一个独特名称。打印机名称不能包含空格，必须以字母开头。打印机名称可以包含字母、数字、短线（-）和下划线（_）。你还可以在"**说明**"文本框中输入关于打印机的简短描述，其中可以包含空格。

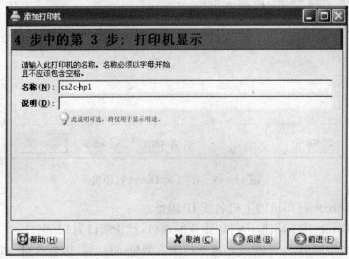

图 11-22 打印机显示

之后，在完成的界面中点击"**应用**"按钮，添加的打印机即出现在配置工具的主窗口里。

4. 磁盘管理

"**磁盘管理**"工具位于控制面板中，请选择"**启动**"→"**设置**"→"**控制面板**"→"**高级**"→"**磁盘管理**"选项来启动它。主界面如图 11-23 所示。

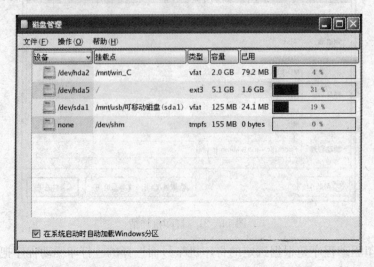

图 11-23 磁盘管理工具

窗口列表中显示了你计算机中的所有磁盘分区及其属性和使用情况,包括设备名、挂载点、文件系统的类型、总容量大小、已用空间大小以及所占百分比。如需挂载新的磁盘分区,请选择菜单栏上的"**操作**"→"**挂载**"选项,然后在如图 11 - 24 所示的"**挂载磁盘**"对话框中进行选择和设置即可。图 11 - 24 的选项功能如下:

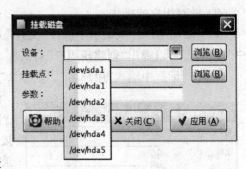

图 11 - 24　挂载磁盘

(1) **设备**:可点击右侧的箭头按钮从下拉列表中选择设备名,也可通过右面的"**浏览**"按钮来打开"选择设备"对话框从/dev 目录中选择。

(2) **挂载点**:可以在此输入需要将该设备挂载在系统中的目录位置,也可通过点击其右侧的"**浏览**"按钮从弹出的"选择挂载点"对话框指定。

(3) **参数**:关于磁盘的参数设置,如 IDE 硬盘的 DMA 设置等。

二、管理工具

1. 用户管理

"**用户管理**"工具是对用户和组进行管理的一个简单易用工具。你可以通过这个工具对用户和组群进行配置和管理,主要内容包括:

(1) 增加、删除用户(组群),设置其属性。

(2) 显示、修改用户(组群)属性。

(3) 查询用户(组群)。

(4) 设置用户口令规则,启用口令过期等。

(5) 设置默认的用户主目录,登录 shell。

需要指出的是,进行用户管理,你必须具有 root 用户权限。

1) 启动用户管理工具

选择"**控制面板**"→"**高级**"→"**用户管理**"选项,将出现如图 11 - 25 所示的"**用户管理器**"主界面。这个主界面有菜单栏、工具栏、信息栏几个部分。目前在信息栏中列出的是系统中的用户信息(只包含超级用户和普通用户)。点击"**组群**"标签,信息栏将显示系统中基本的组群信息。

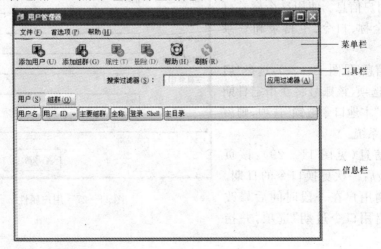

图 11 - 25　用户管理器主界面

2）针对用户的操作

（1）添加用户。从菜单中选择"**文件**"→"**添加用户**"选项或直接点击工具栏上的"**添加用**户"按钮，都可以弹出"**创建新用户**"对话框，如图 11-26 所示。

在此对话框中输入"**用户名**"、"**全称**"、"**口令**"、"**确认口令**"。

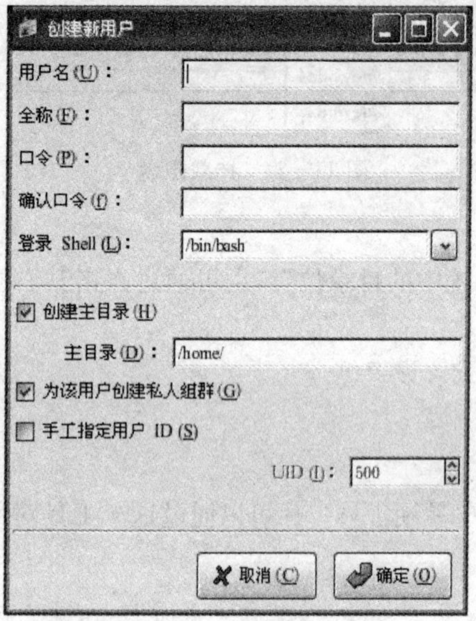

注意：口令所允许的最小位数是六位，你在"口令"处输入的密码位数要不小于 6，否则系统将不会接受该密码；较长的口令可以减小其他人未经许可登录系统的风险；口令最好是字母、数字或特殊符号的组合。

选择一个"**登录 shell**"，如果你不知道选择哪个，请使用默认的/bin/bash。默认的主目录是/home/username（username 即为你的用户名）。

你可以改变主目录，或者不选择"**创建主目录**"。

当你创建一个新用户时（默认的），一个同名组群也同时被创建；如果你不想创建组群，请不要选择"**为该用户创建私人组群**"。

要指定用户 ID，请选择"**手工指定用户 ID**"按钮。如果这个选项没有被选上，那么用户 ID 将从 500 开始分配（系统默认为 500 个系统用户）。

如果以上信息确认无误，点击"**确定**"按钮，即创建了该用户。

图 11-26 输入用户名

（2）删除用户。首先在"**用户**"标签中欲删除的用户上单击，选中该用户；然后直接在工具栏上单击"**删除用户**"按钮来删除该用户。

（3）用户属性。要查看用户的属性，请点击"**用户**"标签，在列表中选中用户，点击"**属性**"按钮，将出现如图 11-27 所示的界面。界面中的选项功能如下：

① **用户数据**：显示你在创建用户时配置的基本用户信息。使用这个标签可以更改用户全称、口令、主目录和登录 shell。

② **账号信息**（见图 11-28）：选择"**启用账号过期**"选项，该账号将在指定日期后过期。选择"**本地口令被锁**"选项，则该用户不能登录系统。

③ **口令信息**（见图 11-29）：该页面显示用户最后一次更换口令的日期。如果你想强制用户在一段时间后修改密码，选择"**启用口令过期**"选项，并指

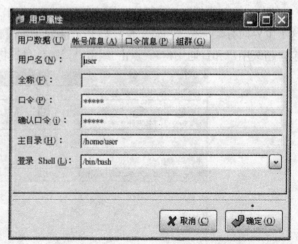

图 11-27 用户属性

定"允许更换前的天数"、"需要更换的天数"、"更换前警告的天数"、"账号不活跃的天数"等信息。

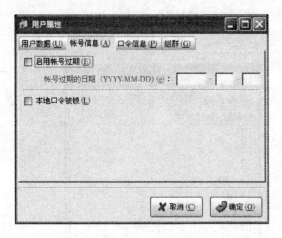

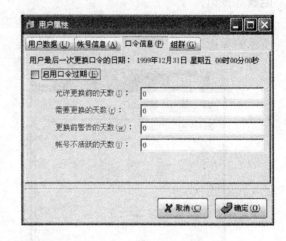

图 11 - 28　账号信息　　　　　　　　　　　　图 11 - 29　口令信息

④ **组群**(见图 11 - 30)：在这里选择你希望将用户添加到的组群。要添加用户到更多的组群，在该页面中选择你想将用户添加到的组群，并为用户选择一个"**主要组群**"即可。

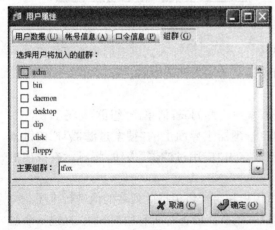

图 11 - 30　组群　　　　　　　　　　　　　图 11 - 31　创建新组群

3) 针对组的操作

针对组的所有操作都可以在菜单项"**组**"中找到。点击"**组**"菜单，你可以对用户组进行**增加**、**编辑**和**删除**操作：

(1) 添加组。需要在系统中添加组时，可在"**用户管理器**"主界面中点击"**添加组群**"按钮，应用程序将出现一个对话框，提示你输入要添加的"**组群名**"，输入完毕后，点击"**确定**"按钮，则新添加的组被加入列表当中。"**添加新组群**"的窗口如图 11 - 31 所示。

输入组群名后，如果你需要指定组群 ID，请选择"**手工指定组群 ID**"项，并指定 **GID**(默认情况下，系统组群的 ID 低于 500)选项。

（2）删除组。想删除系统中的组时，首先在"**组**"标签中欲删除的组上单击，选中该组；然后直接在工具栏上单击"**删除组**"按钮来删除该组。应该注意的是，如果该组里还有用户，则不能删除该组。

（3）组属性。要查看组群，请在组群列表选择组群，点击"**属性**"按钮。将出现如图11-32所示的界面。

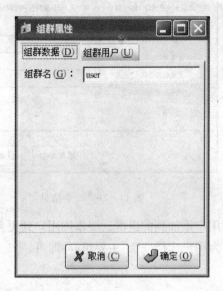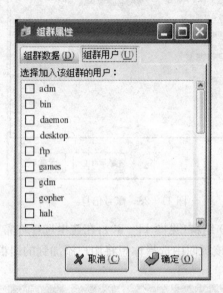

图 11-32　组群属性

"**组群数据**"标签显示该组群名。"**组群用户**"标签显示已经加入到该组群和所有可以加入到该组群的用户列表，已经加入该组群的用户前面的复选框为被选中的状态。

4）查看与搜索

查看本地用户列表，请单击"**用户**"标签。查看本地组群列表，请单击"**组群**"标签。

如果你需要查找特定的用户或组群，请在用户管理器主界面上的"**搜索过滤器**"栏内键入你想查找内容的开头几个字母，然后敲击回车键或点击"**应用过滤器**"按钮，将显示查找出的内容。

要对用户和组群进行排序，请在列名上点击，用户和组群将根据此列名的值进行排序。

默认情况下，用户管理界面中不显示系统用户和组群。要查看所有用户和组群（包括系统用户和组群），请在"**首选项**"下拉菜单中取消对"**过滤系统用户和组群**"的标记。

2. RPM 包管理工具

选择"**控制面板**"→"**高级**"→"**RPM 包管理工具**"选项，即可启动该管理工具，界面如图11-33所示，你可以看到"**安装/卸载软件包**"和"**查找软件包**"两个选项卡。

本工具将系统中安装的 RPM 包分为两大类，一是 Linux 桌面系统中自带的 rpm 包，称为系统软件包。二是用户自己安装的 rpm 包，称为用户软件包。其中系统 rpm 包又分为配置工具、游戏、附件、多媒体、互联网、实用程序等图像各类工具的 rpm 包分别列出，便于用户查找和使用。点击分类前面的三角形图标，即可显示该分类下所有的 rpm 包。

1）安装/卸载软件包

要安装新的软件包，请点击"**安装**"按钮，会弹出如图 11-34 所示的窗口，使用"**打开**"按钮

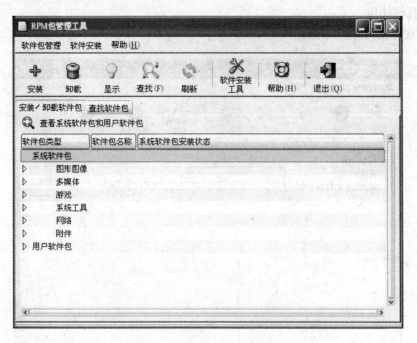

图 11-33   RPM 包管理工具

通过文件管理对话框来选择你要安装的软件包,选中的包会列在"**软件包安装列表**"下,列表下方会显示 rpm 包的相关信息。完成对安装列表的添加后,点击"**安装**"按钮,工具会完成对 rpm 包的安装。

图 11-34   安装软件包

需要注意的是:如果包已经被安装,则会出现相关提示信息,并将该包从安装列表中删除。

退出安装,请点击"**退出**"按钮,或选择"**软件包**"→"**退出**"选项。

要卸载软件包,请在图 11-34 所示的软件包列表中选择需要卸载的 rpm 包,然后点击"**卸载**"按钮。

2）查找软件包

"查找软件包"标签如图 11 - 35 所示。

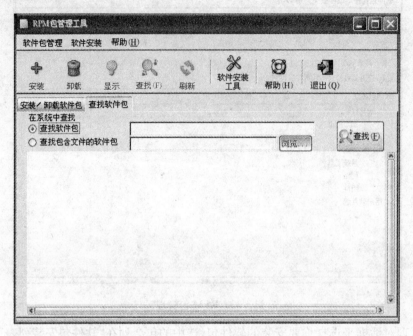

图 11 - 35　查找软件包

（1）查找软件包。选中**"查找软件包"**选项，并在文本框中输入要查找的软件包关键字，点击**"查找"**按钮。如果系统中装有包含该关键字的包，将显示该包信息；如果未找到有这样关键字的包，将显示"软件包未被安装"信息。

（2）查找包含文件的软件包。选中**"查找包含文件的软件包"**选项，点击**"浏览"**按钮，选择相关文件后，点击**"查找"**按钮。如果查找到该文件所在的软件包，将显示该包名称及详细信息；如果没有查到该文件所在的软件包，将显示"文件不由任何软件包拥有"的信息。

在上述过程中如果需要退出**"RPM 包管理工具"**，请点击**"退出"**按钮。

3. 会话管理

要配置 GNOME 桌面的会话管理，请使用"会话"首选项工具。单击**"启动"→"设置"→"控制面板"→"高级"→"会话"**按钮，出现如图 11 - 36 所示的对话框。

"会话"首选项工具识别以下类型的应用程序：

（1）受会话管理的应用程序。当保存会话的设置时，会话管理器会保存受该会话管理的所有应用程序。如果注销后再次登录，会话管理器会自动启动受该会话管理的应用程序。

（2）不受会话管理的应用程序。当保存会话的设置时，会话管理器不会保存不受会话管理的应用程序。如果注销后再次登录，会话管理器不会启动非会话管理的应用程序。你必须手动启动这些应用程序。或者，你可以使用**"会话"**首选项工具指定你想自动启动的非会话管理应用程序。

1）定义登录和注销时的会话行为

要设置登录和注销时会话的行为，请使用**"会话"**首选项工具。根据需要在**"会话选项"**选

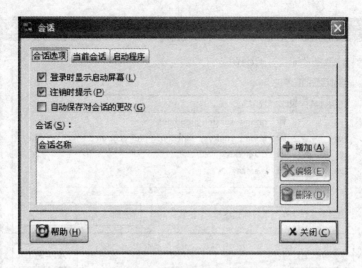

图 11-36 "会话选项"对话框

项卡部分中进行更改。例如，可以选择**"在登录时显示启动画面"**选项，如图 11-36 所示。

2）使用启动应用程序

你可以将会话配置为与非会话管理的应用程序一起启动。要配置非会话管理的启动应用程序，请使用**"会话"**首选项工具中的**"启动程序"**选项卡部分，可以**"添加"、"编辑"**和**"删除"**应用程序，如图 11-37 所示。如果保存了设置后注销，那么下次你登录时，这些启动应用程序会自动启动。

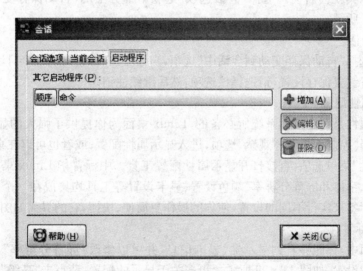

图 11-37 会话"启动程序"选项卡

3）浏览当前会话中的应用程序

要浏览当前会话中的应用程序，请使用**"会话"**首选项工具。**"当前会话"**选项卡部分列出了如图 11-38 所示的内容。

你可以使用**"当前会话"**选项卡对应用程序或首选项工具的会话属性执行少量操作。例如，可以编辑启动顺序以及该列表中的任何 GNOME 应用程序，或首选项工具的重新启动

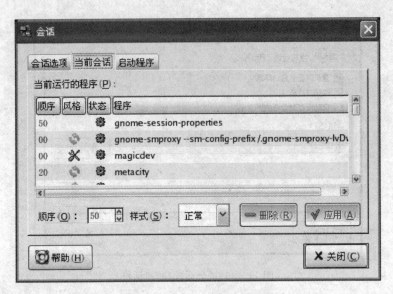

图 11 - 38　"当前会话"选项卡

风格。

4）保存会话设置

要保存会话设置，请执行以下步骤：

（1）将会话配置为在结束会话时自动保存设置。要配置会话，请使用**"会话"**首选项工具，**"会话"**首选项工具就会启动。选择**"会话选项"**选项卡部分上的**"自动保存变动到会话中"**选项，如图 11 - 36 所示。

（2）结束会话。

如果没有选择**"自动保存变动到会话中"**选项，当你注销时，会出现一个对话框询问你是否想保存当前设置。要保存设置，请选择该选项，然后继续注销。

三、显示属性配置

定制显示属性是每个桌面系统所必备的，Linux 桌面为你提供了强大的显示属性定制工具。你可以选择**"控制面板"→"观感"**选项，进入显示属性配置；或者也可以在桌面上点击鼠标右键，选择**"属性"**菜单选项，直接打开显示属性配置工具。中标普华 Linux 桌面将桌面主题、背景、屏幕保护、字体和屏幕分辨率、颜色设置、显卡设置等工具均集成在一个配置界面中，通过点击不同的标签来实行不同的设置，使你的操作更简便、快捷，它的界面如图 11 - 39 所示。

1.**"设置"**标签

在这个界面中，你能够看到显示器、显卡信息，并可以修改**"屏幕分辨率"**、**"颜色质量"**和**"屏幕刷新率"**的设置，如图 11 - 39 所示。更多关于显示的配置，请点击**"高级"**按钮，会出现如图 11 - 40 的窗口，包含**"常规"**、**"适配器"**和**"监视器"**三个设置标签。

在**"常规"**中可以设置屏幕的 DPI（物理分辨率）；**"适配器"**标签用于修改显卡的硬件配置信息，如驱动程序等；**"监视器"**标签用于对显示器的设置，如刷新频率等。

2.**"屏幕保护"**标签

工作中，也许你会离开你的计算机一会儿，Linux 桌面为你设置了屏幕保护程序，你将进入下面的**"屏幕保护"**界面，如图 11 - 41 所示。

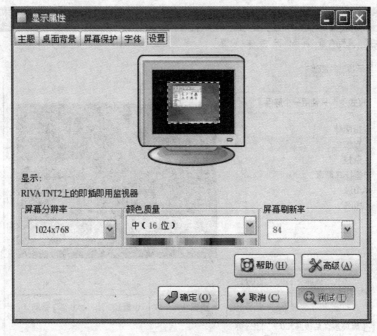

图 11-39　显示属性

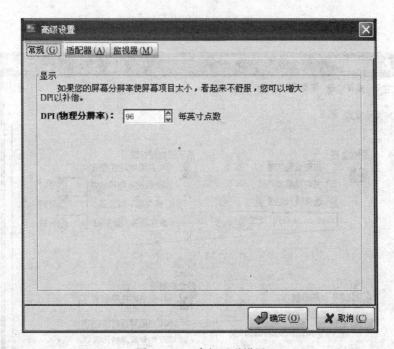

图 11-40　高级显示设置

在这个界面中,你可以为你的屏幕保护程序进行相应的设置。包括"**显示模式**"和"**高级**"两个选项卡。在"**显示模式**"中可以设置如图 11-41 所示的内容;"**高级**"选项卡中则包括了如"**显示器电源管理**"等在内的多个可配置参数,如图 11-42 所示。

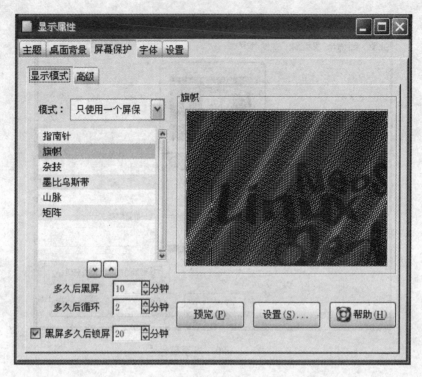

图 11-41　屏幕保护

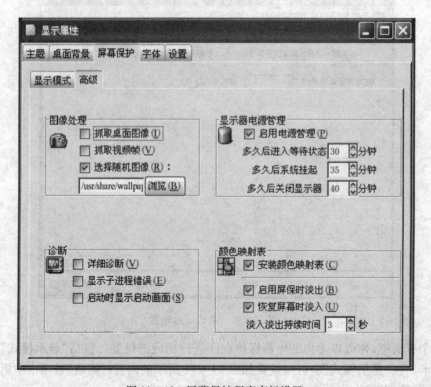

图 11-42　屏幕保护程序高级设置

第二节 系统信息的管理和维护

一、系统信息查看

选择"**控制面板**"→"**系统**"工具,首先出现如图 11-43 所示的界面。在此界面中,可以看到 Linux 系统版本、CPU 类型、内存大小等信息,此外,通过单击更改按钮,还可以修改本系统注册用户的信息。

选择"**硬件**"标签,可以进入硬件管理界面,如图 11-44 所示。该界面有两个功能:

(1) 硬件向导:用于添加新硬件。

(2) 设备管理器:详细显示系统中各种硬件设备的信息。

1. 硬件向导

硬件向导为用户添加硬件设备提供了一个统一的接口,单击"**硬件向导**"按钮,出现如图 11-45 所示界面。

目前,硬件向导工具只支持网卡、调制解调器、声卡及打印机的配置,选择要添加的设备类型,然后单击"确定",将弹出相应的硬件配置工具,辅助用户完成相应的硬件安装工作。

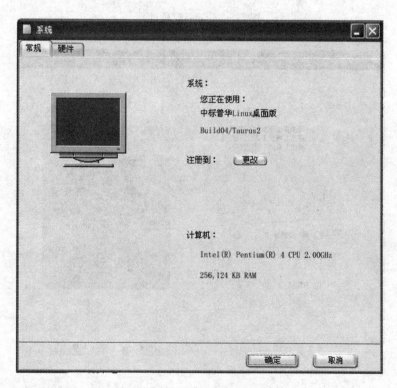

图 11-43 系统(常规)

图 11-44 系统(硬件)

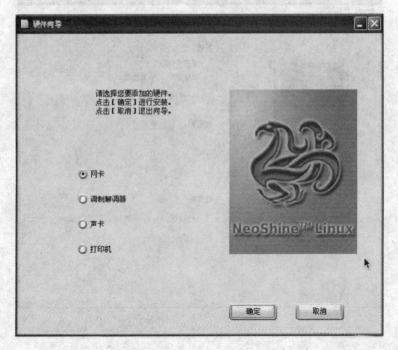

图 11-45 系统(硬件向导)

2. 设备管理器

在设备管理器工具中可以显示详细的系统硬件信息,要调用设备管理器,只需在"**设备**"标签页中单击"**设备管理器**"按钮,弹出如图 11－46 所示的界面。

图 11－46 设备管理器

在该界面中,选择具体硬件设备,然后单击"**属性**"按钮,可查看该设备的详细信息,单击"**删除**"按钮可以从系统中删除该设备。

需要注意的是:删除某些硬件设备可能会导致系统某些功能不可用,因此,请慎用删除功能。

二、系统监视器

要从桌面上启动"**系统监视器**",请选择面板上的"**启动**"→"**控制面板**"→"**系统监视器**"选项,如图 11－47 所示。

1) 系统进程

选择"**处理列表**"标签,"**系统监视器**"允许你在正运行的进程列表中搜索进程,还可以查看所有进程、你拥有的进程或活跃的进程。要了解更多关于某进程的情况,选择该进程,然后点击"**更多信息**"按钮。关于该进程的细节就会显示在窗口的底部。

要停止某进程,应选择该进程,然后点击"**结束进程**"按钮。这有助于结束对用户输入已不再作出反应的进程。要按指定列的信息来排序,点击该列的名称。信息被排序的那一列会用深灰色显示。

2) 内存用量

选择"**资源监视器**标签"(见图 11－48),显示系统的物理内存和交换区的总量以及已使用的、空闲的、共享的、在内核缓冲内的和被缓存的内存数量。

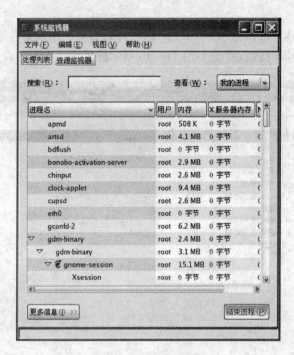

图 11 - 47   系统监视器

3) 文件系统

要查看图形化的系统分区和磁盘空间用量,使用"**资源监视器**"标签,如图 11 - 48 的底部所示。

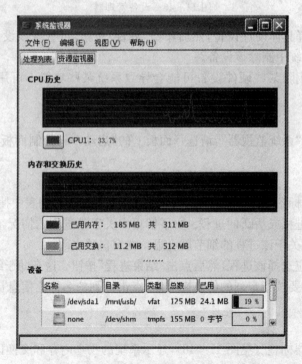

图 11 - 48   系统监视器

三、系统备份及恢复

本节所要描述的是一个图形化的基于目录操作的用户备份工具,包括备份和恢复。

1. 备份

1) 说明

选择"**控制面板**"→"**高级**"→"**备份工具**"选项,备份工具运行后,窗口如图 11 - 49 所示。

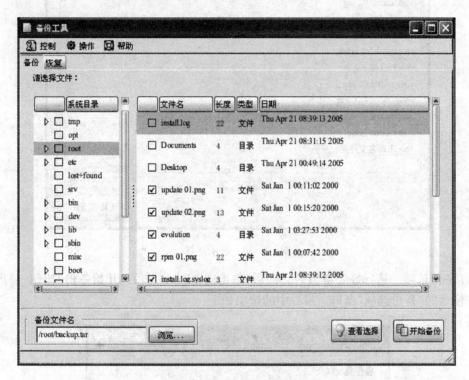

图 11 - 49　备份工具主界面

窗口界面中主要有"**备份**"、"**恢复**"两个标签。其中"**备份**"标签中有:

(1) **系统目录**:列出系统中所包含的目录。

(2) **备份文件名**:程序启动后给出包含绝对路径的缺省备份文件名。

(3) **文件列表**:该列表显示的内容为左边系统目录中当前目录的内容(包括其子目录和文件)。

2) 备份前的操作

备份前的准备工作有:

(1) 更改备份文件名。可以直接在文本框中输入包含绝对路径的文件名,也可以单击图 11 - 50 中的"**浏览**"按钮,选择已存在的备份文件用于追加。

(2) 选择所要备份的目录和文件,否则会警告"请选择要备份的文件或目录"信息。

(3) 查看已选择的文件。若不清楚已选择的文件,可以单击图 11 - 50 中的"**显示选择**"按钮,弹出如图 11 - 51 所示的窗口,在窗口中列出带绝对路径的文件和目录。

3) 开始备份

一次备份操作需要经过以下两个步骤:

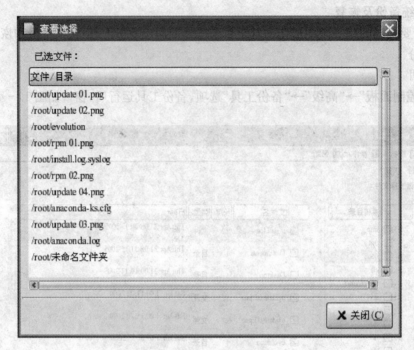

图 11-50 显示选择

(1) 备份选项。选择好要备份的文件后,单击图 11-49 中的"**开始备份**"按钮,弹出如图 11-51 所示的"**备份选项**"窗口。窗口中的选项如下:

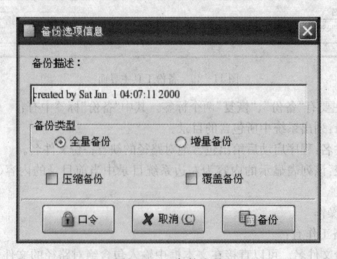

图 11-51 备份选项

① **备份描述**:是每一次备份操作的标识,缺省给出时间,用户也可以使用自己的标识。

② **全量备份**:备份所有选择的文件。

③ **增量备份**:只备份上一次备份后更新过的文件(包括新增的)。

④ **压缩备份**:对备份文件进行压缩,会覆盖备份文件中已有的内容,也就是选择压缩,则会同时选择覆盖。

⑤ **覆盖备份**:把原有的同名的备份文件覆盖,否则为追加。

⑥ **口令**:对该备份文件加入口令保护,若该备份文件是已存在的文件时,则要求新口令和原口令一致。

⑦ **取消**:关闭当前窗口,取消本次备份操作。

⑧ **备份**:正式开始进行备份操作,弹出如图 11 - 52 所示的窗口。

图 11 - 52 备份进度信息

(2) 备份信息。备份进度信息显示正在进行备份的文件、已用时间、已备份的文件数等信息。

① **停止**:当备份尚未完成时,可以点击“**停止**”按钮。有可能会破坏备份文件,造成无法对该备份文件进行增量备份,但可以恢复。

② **确定**:备份完成后,可点击“**确定**”按钮关闭当前窗口。备份工具会在“**恢复**”标签的目录树中添加本次备份的记录项。

2. 恢复

1) 说明

“恢复”标签如图 11 - 53 所示,图中的选项如下:

(1) “**目录**”:左边目录树列出的是用户主目录中的备份文件信息,以每一次备份标识(备份集)为组织记录备份文件中的元素。也可以从菜单“操作”、“编目文件”向该目录树中增加备份文件项。若还没对文件进行编目,那么双击“备份标识”项(备份集)对该文件进行编目(列出每次备份操作所备份的文件)。

(2) **恢复路径**:**原路径**:恢复到备份文件中的元素的原来位置;**新路径**:恢复到文本框中的路径上。

(3) **查看选择**:列出已选择的要恢复的文件或目录。

(4) **操作**:位于菜单栏上的“**操作**”菜单包含如下一些选项:

① “**操作**”→“**增加编目**”:向“**恢复**”标签的目录树中增加备份文件项。

② “**操作**”→“**删除编目**”:删除“**恢复**”标签中目录树上的备份文件项,请先在目录树中选择要删除的备份文件项。

③ “**操作**”→“**删除备份**”:在物理上删除备份文件及记录文件,会给出确认信息,但要谨慎操作。

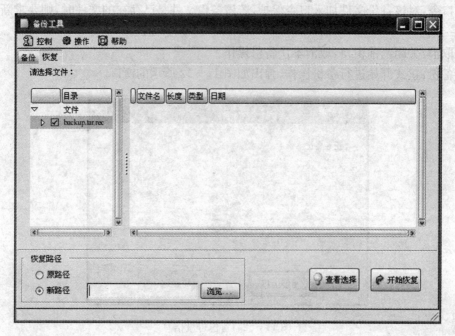

图 11-53 恢复

④ **"操作"→"清空日志"**：在物理上删除记录文件，要谨慎操作。

2）恢复前的操作

恢复前的操作包括：

（1）选择所要恢复的文件或目录：不能同时选中两个以上的备份文件中的元素，不能不选。

（2）确定要恢复的路径。

（3）查看选择的文件：可选。

3）开始恢复

点击图 11-53 中的**"开始恢复"**按钮，开始恢复，并弹出**"恢复信息"**对话框，其中的主要功能按钮包括：

（1）**停止**：当尚未恢复完成时，可以点击该按钮，取消恢复操作。

（2）**确定**：恢复操作执行完毕后关闭当前窗口。

3. 附加信息

1）操作说明

（1）展开或合起目录：点击目录前面的三角形"▽"图标。

（2）刷新目录：双击该目录。

（3）选择目录或文件：在该目录或文件前的复选框中打钩。若为目录，则同时选择了该目录下所有的子目录和文件；若此时该目录的父目录下所有子目录都在选中状态，则父目录也会选上，依此递归。

（4）取消选择目录或文件：在该目录或文件前的复选框中取消钩。若为目录，则同时取消了该目录下所有的子目录和文件，也取消了所有上级目录的选择。

2）文件说明

用户在备份过程中所要涉及的文件有三类：

（1）备份文件（.tar，.tar.gz）：用于保存用户所要备份的文件。

（2）记录文件（.rec）：记录相应备份文件的相关信息。

（3）日志文件（back.log）：记录用户备份、恢复活动信息。

四、系统日志

日志文件（Log files）是包含关于系统消息的文件，包括内核、服务、在系统上运行的应用程序等。不同的日志文件记载不同的信息，例如，有的是默认的系统日志文件，有的仅用于安全消息，有的记载 cron 任务的日志。

当你在试图诊断和解决系统问题时，如试图载入内核驱动程序或寻找对系统未经授权的使用企图时，日志文件会很有用。

1. 查看日志文件

多数日志文件使用纯文本格式。你可以使用任何文本编辑器如**vi**或**emacs**来查看它们。某些日志文件可以被系统上所有用户查看；不过，你需要拥有根特权来阅读多数日志文件。

要在互动的、真实时间的应用程序中查看系统日志文件，使用"**日志查看器**"。要启动这个应用程序，点击桌面上的"**控制面板**"→"**高级**"→"**系统日志**"按钮。

要过滤日志文件的内容来查找关键字，在"**过滤**"：文本字段中输入关键字，然后点击"**过滤器**"按钮，点击"**重设**"按钮来重设内容。

按照默认设置，当前的可查看的日志文件每隔 30 秒被刷新一次。要改变刷新率，从下拉菜单中选择"**编辑**"→"**首选项**"选项，会出现如图 11-55 所示的窗口。在"**日志文件**"标签中，

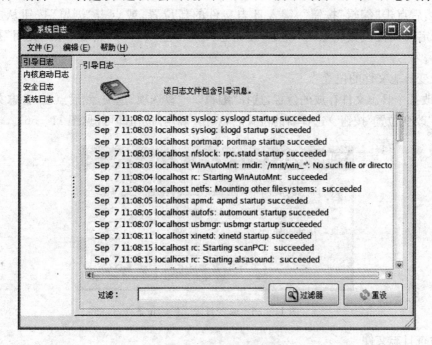

图 11-54　日志查看器

图 11-55　日志文件的位置

点击刷新率旁边的上下箭头来改变它。点击"**关闭**"按钮返回到主窗口。刷新率会被立即改变。要手工刷新当前可以查看的文件,选择"**文件**"→"**即刻刷新**"选项或按"Ctrl＋R"快捷键。

　　你可以在首选项的"**日志文件**"活页标签中改变日志文件的位置。从列表中选择日志文件,然后点击"**编辑**"按钮。键入日志文件的新位置,或点击"**浏览**"按钮从文件选择对话框中定位文件位置。点击"**确定**"按钮返回到首选项窗口,然后点击"**关闭**"按钮返回到主窗口。

　　2. 改变日志文件的位置

　　要修改某个日志文件存放的位置,选择"**编辑**"→"**首选项**"选项,然后点击"**日志文件**"活页标签中的"**改变位置**"按钮。选择新的位置后,点击"**确定**"按钮即可(见图 11-56)。

图 11-56　改变日志文件的位置

　　3. 检查日志文件

　　"**日志查看器**"能够被配置在包含报警词的行旁边显示一个警告图标。

要添加报警词,从下拉菜单中选择"**编辑**"→"**首选项**"选项,然后点击"**警告**"活页标签,点击"**添加**"按钮来添加报警词。要删除一个报警词,从列表中选择它,然后点击"**删除**"按钮。报警图标 显示在包含报警词的行的左侧。

图 11-57　警告

第三节　小　　结

本章从"系统配置"和"系统信息的管理与维护"两个方面,简要介绍了 Linux 桌面系统管理的一些基本内容。

Linux 桌面系统管理主要通过集成在控制面板中的众多实用程序来完成,其中包含硬件设备配置与管理、网络管理、用户管理、软件包管理、会话管理、桌面观感设置、系统信息管理、系统备份与恢复等内容。本章对以上内容作了一些简要的介绍,由于每一个工具均具备友好的图形界面环境,学习完本章内容,你就可以独立完成 Linux 桌面环境的基本管理工作了。

如果你希望了解更多的 Linux 系统管理内容,请继续学习《Linux 系统管理员(三级)》教程。